数控车削加工项目教程

罗燕 编

天津大学出版社
TIANJIN UNIVERSITY PRESS

图书在版编目(CIP)数据

数控车削加工项目教程/罗燕编. —天津:天津
大学出版社,2016.11
ISBN 978-7-5618-5720-5

Ⅰ.①数… Ⅱ.①罗… Ⅲ.①数控机床－车床－车削
－加工工艺－中等专业学校－教材 Ⅳ.①TG519.1

中国版本图书馆 CIP 数据核字(2016)第 285007 号

出版发行	天津大学出版社
地　　址	天津市卫津路 92 号天津大学内(邮编:300072)
电　　话	发行部:022-27403647
网　　址	publish.tju.edu.cn
印　　刷	北京京华虎彩印刷有限公司
经　　销	全国各地新华书店
开　　本	185mm×260mm
印　　张	6
字　　数	150 千
版　　次	2016 年 12 月第 1 版
印　　次	2016 年 12 月第 1 次
定　　价	17.50 元

前　言

　　本书是借鉴了国内外先进职业教育的理念、模式和方法，以适应社会需求为目标，以培养技术应用能力为主线，在教学内容与教学要求上参照有关行业的职业技能鉴定规范及相关国家职业标准的初、中级技术工人考核标准编写的。本书对数控技术应用专业的教学内容和教学方法进行了改革，基于工作过程，由简单到复杂，符合学生的认知规律。本书可作为中等职业学校数控技术应用专业的实训教材，也适用于企业数控领域技能型人才的培养和培训。

　　本书的主要特点如下：

　　(1)突出以能力为本位的要求，在基础知识的选择上，以"必需、够用"为原则，体现了针对性和实践性；

　　(2)注重把理论知识和技能训练相结合，教学实训和生产实际相结合，将职业素养贯穿始终；

　　(3)将数控车削入门、中级技术工人等级考核标准引入教学实训，将数控车削过程与操作训练、职业技能鉴定规范和国家职业标准相结合、相统一，以满足岗前培训和就业的需要。

　　本书由天津市电子计算机中等职业学校数控专业组编写，在编写过程中，得到了校领导的大力支持，校企合作企业给予了大量的技术支持，通过了数控专业建设委员会的评审认定，在此一并致谢。

　　由于编者学术水平有限，难免有错漏之处，敬请批评指正。

编　者

2016 年 6 月

目　　录

项目一　数控车床操作基础

实训 1　数控车床工岗位常识

一、实训目的及要求

（1）明确文明生产、安全操作的重要性，接受有关的生产劳动纪律及安全生产教育，熟悉数控加工的安全操作规程，培养良好的职业素质。

（2）掌握机床日常维护的方法，形成每日保养的习惯。

二、实训内容

（一）安全操作注意事项

（1）工作时穿好工作服、安全鞋，戴好工作帽及防护镜，严禁戴手套操作机床。

（2）不要移动或损坏安装在机床上的警告标牌。

（3）不要在机床周围放置障碍物，工作空间应足够大。

（4）某一项工作如需要两人或多人共同完成，应注意相互间协调一致。

（5）不允许采用压缩空气清洗机床、电气柜及 NC 单元。

（6）任何人员违反上述规定或学院的规章制度，实习指导人员或设备管理员有权停止其使用、操作，并根据情节轻重报学院相关部门处理。

（二）工作前的准备工作

（1）机床开始工作前要进行预热，认真检查润滑系统工作是否正常，如机床长时间未开动，可采用手动方式向各部分供油润滑。

（2）使用的刀具应与机床允许的规格相符，有严重破损的刀具要及时更换。

（3）调整刀具所用的工具不要遗忘在机床内。

（4）检查大尺寸轴类零件的中心孔是否合适，以免发生危险。

（5）刀具安装好后应进行一两次试切削。

（6）认真检查卡盘夹紧的工作状态。

（7）机床开动前，必须关好机床防护门。

（三）工作过程中的安全事项

（1）禁止用手接触刀尖和铁屑，铁屑必须用铁钩子或毛刷来清理。

（2）禁止用手或其他任何部位接触正在旋转的主轴、工件或其他运动部位。

（3）禁止在加工过程中量活、变速，更不能用棉丝擦拭工件，也不能清扫机床。

(4)在车床运转过程中,操作者不得离开岗位,如发现机床有异常现象立即停车。

(5)经常检查轴承温度,过高时应找有关人员进行检查。

(6)在加工过程中,不允许打开机床防护门。

(7)严格遵守岗位责任制,机床由专人管理,未经同意不得擅自使用。

(8)工件伸出车床 100 mm 以外时,须在伸出位置设防护物。

(9)禁止进行尝试性操作。

(10)手动进行原点回归时,机床各轴要距离原点－100 mm 以上,机床原点回归顺序为:首先＋X 轴,其次＋Z 轴。

(11)使用手轮或快速移动方式移动各轴时,一定要看清机床 X、Z 轴方向的"＋"、"－"号标牌后再移动。移动时先慢转手轮,观察机床移动方向无误后方可加快移动速度。

(12)编完程序或将程序输入机床后,须先进行图形模拟,准确无误后再进行机床试运行,并且刀具应离开工件端面 200 mm 以上。

(13)程序运行注意事项如下。

①对刀应准确无误,刀具补偿号应与程序调用的刀具号符合。

②检查机床各功能按键的位置是否正确。

③光标要放在主程序头。

④加注适量冷却液。

⑤站立位置应合适,启动程序时,右手作按停止按钮的准备,在程序运行当中手不能离开停止按钮,如有紧急情况立即按下停止按钮。

(14)在加工过程中认真观察切削及冷却状况,确保机床、刀具的正常运行及工件的质量,并关闭防护门以免铁屑、润滑油飞出。

(15)在程序运行过程中须暂停测量工件尺寸时,要待机床完全停止、主轴停转后方可进行测量,以免发生人身事故。

(16)关机时,要等主轴停转 3 分钟后方可关机。

(17)未经许可禁止打开电气箱。

(18)各手动润滑点必须按说明书的要求润滑。

(19)修改程序的钥匙在程序调整完后要立即拿掉,不得插在机床上,以免无意改动程序。

(20)使用机床的时候,每日必须使用切削液循环 0.5 小时,冬天时间可稍短一些,切削液要定期更换,一般为 1～2 个月。

(21)机床若数天不使用,应每隔一天对 NC 及 CRT 部分通电 2～3 小时。

(四)工作完成后的注意事项

(1)清除切屑、擦拭机床,使机床与环境保持清洁状态。

(2)注意检查或更换磨损坏了的机床导轨上的油擦板。

(3)检查润滑油、冷却液的状态,及时添加或更换。

(4)依次关掉机床操作面板上的电源和总电源。

（五）数控车床的日常维护及保养

数控机床种类繁多，各类数控机床因功能、结构及系统不同，具有不同的特性，维护及保养的内容和规则也各具特色，应根据机床的种类、型号及实际使用情况，并参照机床使用说明书，制定和建立必要的定期、定级保养制度。下面是一些常见、通用的日常维护及保养要点。

1. 严格遵守操作规程和日常维护制度

数控设备操作人员要严格遵守操作规程和日常维护制度，操作人员技术业务素质的优劣是影响故障发生频率的重要因素。当机床发生故障时，操作者要注意保留现场，并向维修人员如实说明出现故障前后的情况，以利于分析、诊断出故障的原因，及时排除。

2. 防止灰尘等污物进入数控装置内部

机加工车间的空气中一般都会有油雾、灰尘甚至金属粉末，它们落在数控系统内的电路板或电子元器件上，容易引起元器件间的绝缘电阻下降，甚至导致元器件及电路板损坏。

有的用户在夏天为了使数控系统超负荷长期工作，采取打开数控柜的门的方式来散热。这样做灰尘等污物极易进入数控装置内部，应该检查数控柜上的各个冷却风扇工作是否正常。每半年或每季度检查一次风道过滤器是否有堵塞现象，若过滤网上灰尘积聚过多，不及时清理，会引起数控柜内温度过高。

直流电动机的电刷过度磨损，会影响电动机的性能，甚至造成电动机损坏。因此，应定期对电动机的电刷进行检查和更换。数控车床、数控铣床、加工中心等应每年检查一次。

一般数控系统内对 CMOS、RAM 等存储器件设有可充电电池维护电路，以便在系统不通电期间保持存储器的内容。在一般情况下，即使电池尚未失效，也应每年更换一次，以确保系统正常工作。更换电池应在数控系统供电的状态下进行，以防更换时 RAM 内的信息丢失。

备用的印制电路板长期不用时，应定期装到数控系统中通电运行一段时间，以防损坏。

定期调整主轴驱动带的松紧程度，防止因驱动带打滑造成的丢转现象；检查润滑主轴恒温油箱的温度调节范围，及时补充油量，并清洗过滤器；主轴中的刀具夹紧装置长时间使用后会产生间隙，影响刀具的夹紧，需及时调整液压缸活塞的位移量。

定期检查、调整丝杠螺纹副的轴向间隙，保证反向传动精度和轴向刚度；定期检查丝杠与床身的连接是否有松动；丝杠防护装置有损坏要及时更换，以防灰尘或切屑进入。

严禁把超重、超长的刀具装入刀库，以避免机械手换刀时掉刀或刀具与工件、夹具发生碰撞；经常检查刀库的回零位置是否正确，机床主轴回换刀点的位置是否到位，并及时调整；开机时，应使刀库和机械手空运行，检查各部分工作是否正常，特别是各行程开关和电磁阀能否正常动作。

定期对润滑、液压、气压系统的过滤器或分滤网进行清洗或更换；定期对液压系统进行油质化验检查，添加或更换液压油；定期对气压系统的分水滤气器进行放水。

定期对机床进行水平和机械精度检查并校正。机械精度的校正方法有软硬两种。软方法主要是通过系统参数补偿，如丝杠反向间隙补偿、各坐标定位精度定点补偿、机床回参考点位置校正等；硬方法一般在机床大修时进行，如进行导轨修刮、滚珠丝杠螺母副预紧调整反向间隙等。

数控设备是一种自动化程度高、结构较复杂的先进加工设备，要充分发挥数控设备的高效性，就必须正确地操作和精心地维护、保养，以保证设备正常运行，具有较高的利用率。数控设备集机、电、液于一身，因此其对维修维护人员要求较高，除本书所提到的常规维护及保养外，还应根据具体数控设备的详细操作说明手册做专门的维护和保养。

实训 2　　FANUC—0i 系统数控车床模拟操作训练

一、实训目的及要求

(1)掌握操作面板上各个按键的含义。
(2)熟悉对刀、程序输入和模拟、自动加工等操作步骤。

二、实训内容

(一)选择机床类型

打开菜单"机床"→"选择机床...",在"选择机床"对话框中选择控制系统的类型和相应的机床并按"确定"按钮，界面如图 1-2-1 所示。

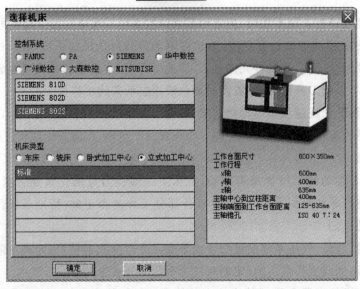

图 1-2-1　"选择机床"对话框

(二)定义毛坯

打开菜单"零件"→"定义毛坯"或在工具栏中选择图标⬜，弹出如图 1-2-2 所示的对话框。

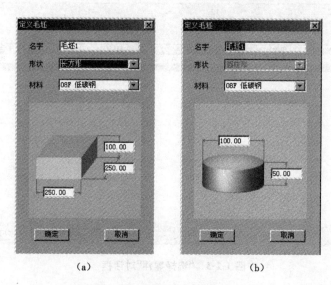

图 1-2-2　"定义毛坯"对话框
(a)长方形毛坯　(b)圆形毛坯

1. 输入名字

在名字输入框内输入毛坯名,也可使用缺省值。

2. 选择形状

车床仅提供圆柱形毛坯。

3. 选择材料

材料列表中提供了多种供加工的毛坯材料,可根据需要在"材料"下拉列表中选择毛坯材料。

4. 输入参数

尺寸输入框用于输入尺寸,单位为毫米。

5. 保存退出

按"确定"按钮,保存定义的毛坯并且退出本操作。

6. 取消退出

按"取消"按钮,退出本操作。

(三)放置零件

打开菜单"零件"→"放置零件"或在工具栏中选择图标👤,弹出"选择零件"对话框,如图 1-2-3 所示。

在列表中点击所需的零件,选中的零件信息会加亮显示,按"安装零件"按钮,系统自动关闭对话框,零件和夹具(如果选择了夹具)将被放到机床上。对于卧式加工中心还可以在上述对话框中选择是否使用角尺板。如果选择了使用角尺板,那么在放置零件时角尺板也将出现在机床台面上。

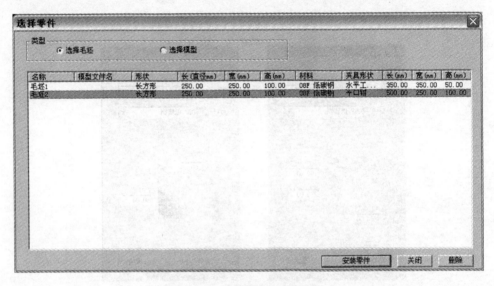

图 1-2-3 "选择零件"对话框

若在"选择零件"对话框的类型列表中选择"选择模型",可以导入零件模型文件,如图1-2-4 所示。选择的零件模型即经过部分加工的成型毛坯将被放置在机床台面上或卡盘上,如图 1-2-5 所示。

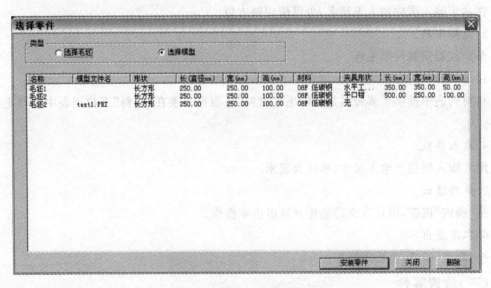

图 1-2-4 导入零件模型文件

零件可以在工作台面上移动。毛坯被放上工作台后,系统将自动弹出一个小键盘,如图 1-2-6 所示,通过点击小键盘上的方向按钮可以实现零件的平移、旋转或调头。小键盘上的"退出"按钮用于关闭小键盘。通过菜单"零件"→"移动零件"也可以打开小键盘。在执行其他操作前应关闭小键盘。

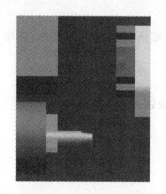

图 1-2-5　放置零件模型

图 1-2-6　"移动零件"小键盘

(四)选择刀具

打开菜单"机床"→"选择刀具"或在工具栏中选择图标 🔧，弹出"刀具选择"对话框，如图 1-2-7 所示。数控车床系统允许同时安装 4 把刀具(前置刀架)。

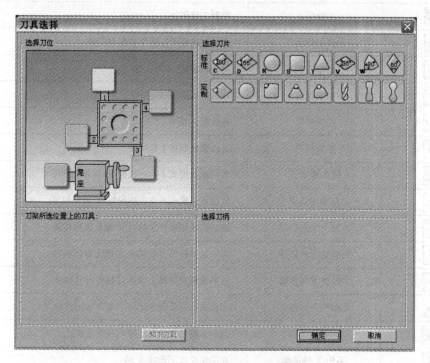

图 1-2-7　"刀具选择"对话框

1)选择、安装车刀

(1)在刀架图中点击所需的刀位。

(2)选择刀片类型。

(3)在刀片列表框中选择刀片。

(4)选择刀柄类型。

（5）在刀柄列表框中选择刀柄。

2）变更刀具长度和刀尖半径

选择完车刀后，"刀具选择"对话框的左下部位会显示出刀架所选位置上的刀具，其中"刀具长度"和"刀尖半径"均可以修改。

3）拆除刀具

在刀架图中点击要拆除刀具的刀位，然后点击"卸下刀具"按钮。

4）确认操作

点击"确认"按钮。

机床操作面板各按钮的功能如表 1-2-1 所示。

表 1-2-1　机床操作面板各按钮的功能

按钮	名称	功能说明
	主轴减速	控制主轴减速
	主轴加速	控制主轴加速
	主轴停止	控制主轴停止
	主轴手动允许	点击该按钮可实现手动控制主轴
	主轴正转	点击该按钮，主轴正转
	主轴反转	点击该按钮，主轴反转
	超程解除	系统超程解除
	手动换刀	点击该按钮将手动换刀
	回参考点 X	在回原点模式下点击该按钮，X 轴将回零
	回参考点 Z	在回原点模式下点击该按钮，Z 轴将回零
	X 轴负方向移动	点击该按钮将使主轴向 X 轴负方向移动
	X 轴正方向移动	点击该按钮将使主轴向 X 轴正方向移动
	Z 轴负方向移动	点击该按钮将使主轴向 Z 轴负方向移动
	Z 轴正方向移动	点击该按钮将使主轴向 Z 轴正方向移动
	回原点模式	点击该按钮将使系统进入回原点模式
	手轮 X 轴选择	在手轮模式下选择 X 轴
	手轮 Z 轴选择	在手轮模式下选择 Z 轴
	快速	在手动连续情况下使主轴快速移动
	自动模式	点击该按钮将使系统处于运行模式
	JOG 模式	点击该按钮将使系统处于手动模式，手动连续移动机床

续表

按钮	名称	功能说明
	编辑模式	点击该按钮将使系统处于编辑模式,直接通过操作面板输入数控程序和编辑程序
	MDI 模式	点击该按钮将使系统处于 MDI 模式,手动输入并执行指令
	手轮模式	点击该按钮将使主轴处于手轮控制状态
	循环保持	点击该按钮将使主轴进入循环保持状态
	循环启动	点击该按钮将使系统进入循环启动状态
	机床锁定	点击该按钮将锁定机床
	空运行	点击该按钮将使机床处于空运行状态
	跳段	此按钮被按下后,数控程序中的注释符号"/"有效
	单段	此按钮被按下后,运行程序时每次执行一条数控指令
	进给选择旋钮	将光标移至此旋钮上后,通过点击鼠标的左键或右键来调节进给倍率
	手轮进给倍率	调节手轮操作时的进给倍率
	急停	按下急停按钮,机床移动立即停止,并且所有的输出如主轴的转动等都会停止
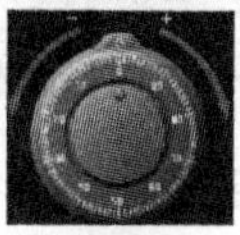	手轮	点击该按钮,选择 X、Z 方向,实现单步移动
	电源开	此按钮被按下后,CRT 显示初始画面,等价操作
	电源关	此按钮被按下后,系统断电

(五)数控机床的操作

1.机床准备

(1)点击电源开按钮 。

(2)检查急停按钮是否松开呈  状态,若未松开,点击急停按钮将其松开。

(3)回参考点。

检查操作面板上的 X 轴回原点指示灯、Z 轴回原点指示灯是否亮,若指示灯亮 , ,说明已进入回原点模式;若指示灯不亮,点击回原点模式按钮 进入回原点模式。

在回原点模式下,先使 X 轴回原点,点击操作面板上的回参考点 X 按钮 ,X 轴将回原点,X 轴回参考点指示灯变亮 ,CRT 上的 X 坐标变为"600.00"。同样地,再点击回参考点 Z 按钮 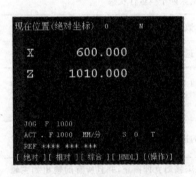，Z 轴将回原点，Z 轴回原点指示灯变亮 。此时 CRT 界面如图 1-2-8 所示。

　　2. 对刀——试切法

　　数控程序一般按工件坐标系编程，对刀的过程就是建立工件坐标系与机床坐标系之间的关系的过程。下面具体说明车床对刀的方法。本实训将工件右端面的中心点设为工件坐标系原点，将工件其他点设为工件坐标系原点的对刀方法类似。

　　(1) 切削外径。点击操作面板上的 JOG 模式按钮，手动状态指示灯变亮，机床进入手动操作模式，点击控制面板上的 ↑ 或 ↓，使机床在 X 轴方向移动，同样地使机床在 Z 轴方向移动，通过手动方式将机床移到如图 1-2-9 所示的大致位置。

```
现在位置(绝对坐标)        0          N

X        600.000

Z       1010.000




JOG  F 1000
ACT. F 1000   MM/分    S 0  T
REF **** *** ***
[ 绝对 ][ 相对 ][ 综合 ][ HNDL ] (操作)]
```

图 1-2-8　CRT 界面

图 1-2-9　手动移动车床

　　点击操作面板上的主轴正转按钮 或主轴反转按钮，使指示灯变亮、，主轴转动。再点击 Z 轴负方向移动按钮 ←，使主轴向 Z 轴负方向移动，用所选刀具试切工件外圆，如图 1-2-10 所示。然后点击 Z 轴正方向移动按钮 →，主轴在 X 方向保持不动，退出刀具。

　　(2) 测量切削位置的直径。点击操作面板上的主轴停止按钮，使主轴停止转动。打开菜单"测量"→"坐标测量"，弹出如图 1-2-11 所示的对话框，点击试切外圆时所切的线段，选中的线段由红色变为黄色，记下下面对话框中对应的 X 轴的 α 值。

　　(3) 按下控制箱键盘上的 键。

　　(4) 把光标定位在需要设定的坐标系上。

　　(5) 把光标移到 X 轴上。

　　(6) 输入直径值 α。

　　(7) 按菜单软键"测量"，通过软键"操作"进入这个菜单。

　　(8) 切削端面。点击操作面板上的主轴正转按钮 或主轴反转按钮，使指示灯变亮，主轴转动。将刀具移至如图 1-2-12 所示的位置，点击控制面板上的 X 轴负方向移动按钮 ↑，切削工件的端面，如图 1-2-13 所示。然后点击 X 轴正方向移动按钮 ↓，Z 方向保持

图 1-2-10　试切工件外圆

车床工件测量

0.000

54.800　150
54.800

0.000　120

90

0.000　60

0.000　30
24.681

-300 -270 -240 -210 -180 -150 -120 -90 -60 -30

毛坯材料08F 低碳钢尺寸:X 280.00,Z 60.00(mm)　　上一段　　下一段

0　　设置测量原点　□显示卡盘　　　　　　显示标号

退出

☑直径方式显示X坐标

标号	线型	X	Z	长度	累积长	半径	直...	直...
1	直线	60.000	276.709	221.509	55.200		276.709, 55.200,3
2	直线	60.000	55.200	4.919	55.200		55.200,3 55.200,2
3	圆弧	50.161	55.200	0.566	54.800	0.400	180.000 270.000
4	直线	49.361	54.800	54.800	0.000		54.800,2 0.000,24
5	直线	49.361	0.000	24.681	0.000		0.000,24 0.000,0.
6	直线	60.000	276.709	30.000	276.709		276.709, 276.709,
7	直线	0.000	276.709	276.709	0.000		276.709, 0.000,0.

图 1-2-11　"车床工件测量"对话框

不动,退出刀具。

图 1-2-12　移动刀具

图 1-2-13　切削工件的端面

（9）按下操作面板上的 按钮,使主轴停止转动。

（10）把光标定位在需要设定的坐标系上。

（11）在 MDI 键盘上按下需要设定的轴"Z"键。

（12）输入工件坐标系原点的距离（注意距离有正负号）。

（13）按菜单软键"测量",自动计算出坐标值填入。

3.手动操作

1)手动、连续方式

(1)点击操作面板上的 JOG 模式按钮 ，手动状态指示灯变亮 ，机床进入手动模式。

(2)分别点击 、 按钮，使机床沿 X 轴移动。

(3)分别点击 、 按钮，使机床沿 Y 轴移动。

(4)点击 、 、 ，控制主轴的转动和停止。

注：刀具切削零件时，主轴需转动；加工过程中刀具与零件发生非正常碰撞（非正常碰撞包括车刀的刀柄与零件发生碰撞，铣刀与夹具发生碰撞等）后，系统会弹出警告对话框，同时主轴自动停止转动，调整到适当位置，要继续加工时需点击 、 按钮，使主轴重新转动。

2)手轮方式

在采用手动、连续方式或对刀需精确调节机床时，可用手动脉冲方式调节机床。

(1)点击操作面板上的手轮模式按钮 ，使指示灯变亮 。

(2)使用 或 按钮选择手轮的移动轴向。

(3)使用手轮进给倍率按钮 选择手轮的进给倍率。

(4)鼠标对准手轮 ，点击左键或右键，精确控制机床的移动。

(5)点击 、 、 ，控制主轴的转动和停止。

3)自动加工方式

(1)检查机床是否回零，若未回零，先将机床回零。

(2)导入数控程序或自行编写一段程序。

(3)点击操作面板上的自动模式按钮 ，使指示灯变亮 。

(4)点击操作面板上的循环启动按钮 ，程序开始执行。

数控程序在运行过程中可根据需要暂停、急停和重新运行。

数控程序运行时，按循环保持按钮 ，程序停止执行，再点击循环启动按钮 ，程序从暂停的位置开始执行。

数控程序运行时，按下急停按钮 ，程序中断运行，继续运行时，先将急停按钮松开，再按循环启动按钮 ，余下的数控程序从中断行开始作为一个独立的程序执行。

4)自动、单段方式

(1)检查机床是否回零，若未回零，先将机床回零。

(2)导入数控程序或自行编写一段程序。

（3）点击操作面板上的自动模式按钮 ，使指示灯变亮 。

（4）点击操作面板上的单段按钮 。

（5）点击操作面板上的循环启动按钮 ，程序开始执行。

注：自动、单段方式执行每一行程序均需点击一次循环启动按钮 ；点击跳段按钮 ，则程序运行时跳过符号"/"有效，该行成为注释行，不执行；可以通过进给选择旋钮 调节主轴的进给倍率；按 键可将程序重置。

4.检查运行轨迹

导入 NC 程序后，可检查运行轨迹。

点击操作面板上的自动模式按钮，使其指示灯变亮，转入自动加工模式，点击 MDI 键盘上的 按钮，点数字/字母键，输入"Ox"（"x"为需要检查运行轨迹的数控程序号），按 开始搜索，找到后程序显示在 CRT 界面上。点击 按钮，进入检查运行轨迹模式，点击操作面板上的循环启动按钮 ，即可观察数控程序的运行轨迹，此时可通过"视图"菜单中的动态旋转、动态缩放、动态平移等方式对三维运行轨迹进行全方位的动态观察。

实训 3　GSK980T（广数）数控系统操作训练

一、实训目的及要求

（1）在实际生产中熟练操作机床的各个按键。

（2）掌握数控车床的功能及其操作使用方法。

二、实训内容

（一）数控车床的组成

数控车床由车床主体、伺服系统、数控系统三大部分组成，如图 1-3-1 所示，基本保持了普通车床的布局形式。主轴输出速度由伺服电机实现自动调整，进给运动由电机拖动滚珠丝杠来实现；配置了自动刀架，以提高换刀的位置精度。

（二）GSK980T（广数）数控系统操作

1.开机

1）开机

开机前进行检查，打开电源开关，等待系统显示操作画面（或旋转急停旋钮，解除急停）。

2）手动返回参考点

打开机床后，首先要进行回参考点的操作。由于机床采用增量式位置检测器，故一旦

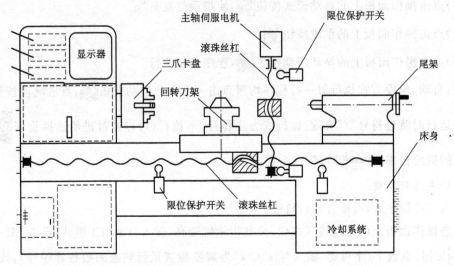

图 1-3-1　数控车床结构图

机床断电,其数控系统就失去了对参考点坐标的记忆。机床在操作过程中急停或发生超程报警,故障排除恢复工作时,也必须进行返回机床参考点的操作。

(1)按 ⊕ 选择回参考点的操作方式,这时屏幕右下角显示"机械回零"。

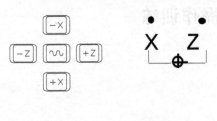

(2)选择坐标轴+Z 或+X,机床刀架沿着选择的轴方向移动,返回参考点后,返回参考点指示灯亮,再选择另一正坐标轴,进给期间,快速进给倍率有效。

3)主轴转动

(1)采用录入方式设置车床转速。在面板上输入一个程序段的指令,并执行该程序段,步骤如下。

按录入方式键 ⊡ →按程序→翻页到[MDI/模],如图 1-3-2 所示→输入 SXXX→按输入键(IN)→按循环启动键 ⊡。

(2)在手动或单步运行方式下,按操作面板上的 ⟳ 或 ⟲ 键,可启动机床,使其按设置和要求旋转。

注:若要取消转速设置内容把 S 设置为 0。

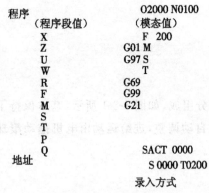

```
程序                         O2000 N0100
  (程序段值)                  (模态值)
   X                          F  200
   Z                          G01 M
   U                          G97 S
   W                          T
   R                          G69
   F                          G99
   M                          G21
   S
   T
   P
   Q                          SACT  0000
地址                          S 0000 T0200
                              录入方式
```

图 1-3-2　MDI/模

2.试切法对刀

1)刀架转位的操作

有两种方式:①在手动或单步运行方式下,按操作面板上的手动换刀键 ⚙(需要确认换刀时刀具不与工件和机床上的部件发生碰撞);②在录入方式下,按录入方式键 ⊡ →按程序→翻页到[MDI/模]→输入 TXX00→按输入键(IN)→按循环启动键 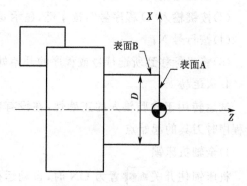。

2)手动切削

(1)选择手动操作 或单步操作 ;

(2)用上述方法使主轴正转;

(3)按坐标轴移动方向键。

在刀尖接近工件时,刀架进给要减慢并且选择方向要正确,否则会发生事故。可取消快速进给,调低进给倍率(进给倍率 70%)以及采用单步操作。

3)用试切工件设定工件坐标系

(1)点击手动方式 →主轴正转 →坐标轴移动方向键,切削 A 表面,如图 1-3-3 所示;

(2)在 Z 轴不动的情况下沿 X 轴正方向移出刀具,使主轴停止旋转 ;

(3)点击录入方式 →按刀补 →翻页并且把光标移到偏置号处→输入 Z0→按输入键(IN);

图 1-3-3　试切工件示意图

(4)点击手动方式→主轴正转→坐标轴移动方向键,切削 B 表面;

(5)在 X 轴不动的情况下沿 Z 轴正方向移出刀具,使主轴停止旋转;

(6)测量直径"D",点击录入方式→按刀补→翻页并且把光标移到偏置号处(基准刀偏置号+100)→输入 XD→按输入键(IN)。

注:对刀前,刀具补偿值应清零,如将光标移到 001 处,按 X 或 Z 键。

3.程序的输入、编辑

1)用键盘键入程序

(1)选择编辑方式 ;

(2)按程序键→翻页到显示程序画面;

(3)按键输入"O 程序号";

(4)按 EOB 键,即建立一个新程序(注意不要和已有的程序同名,可以翻页到另一画面查看),光标虽然不换行,但后面输入的内容在下一行,输完一段后,按 EOB 键;

(5)把所编的程序一段一段地输入,即可完成数控加工程序的输入。

注:缓冲寄存器内的字符如发现输入错误,可按 CAN 键,然后输入正确的数值。

2)删除存储器中的程序

(1)选择编辑方式;

(2)按程序键,显示程序画面;

(3)按要删除程序的程序号 OXXXX;

(4)按 DEL 键,则对应键入程序号的存储器中的程序将被删除。

注:系统可存储 63 个程序。

3)程序的编辑

反复按↓键或↑键将光标移动至要编辑的位置,通过按 INS、DEL、ALT 键完成对程序的插入、删除、修改等编辑操作。

检索程序号的步骤:

(1)选择自动或编辑方式;

(2)按程序键,显示程序画面;

(3)按键输入"O 程序号",按↓键,显示要编辑的程序;

(4)按行号 N;

(5)将光标移到所选行号或程序的开始处。

4.试运转

试运转用于检验输入的正确性,在没有夹装工件和刀具的情况下进行,同样要注意执行程序时刀具的起始点。

1)全轴机床锁

机床锁住开关 ➡◀ 置为 ON 时,自动运行时刀架不移动,但位置坐标的显示和刀架运动时一样,并且 M、S、T 都执行。

2)辅助功能锁住

机床操作面板上的辅助功能锁住开关置为 MST ON 时,M、S、T 代码不执行,与机床锁住功能一起用于程序校验。(本机床将不能使用)

3)单程序段

当单程序段开关置为 □ ON 时,单程序段灯亮,执行一个程序段后停止执行。再按循环启动按钮,则执行下一个程序段。有些指令不能单段执行。

注:开启了锁住功能后,需完成机床返回参考点的操作才能进行后面的工作。

4)程序校验步骤

(1)输入程序,并人工检查;

(2)把刀具长度补偿值清零;

(3)选择自动方式,按下车床锁定键、空运行键和快速进给键,调整屏幕显示为作图;

(4)按下启动键,开始作图,利用刀轨检验程序。

5.程序的自动运行

1)程序的调入

(1)选择编辑或自动方式;

(2)按程序键,翻页到显示程序画面;

(3)键入要检索的程序号;

(4)按↓键;

(5)在 LCD 画面显示检索出的程序,并在画面的右上部显示已检索的程序号;

(6)通过翻页显示程序画面。

注：或者在第(3)步按键输入 O，反复按 ↓ 键(在编辑方式下反复按 O 或 ↓ 键)可逐个显示存入的程序。

2)自动运行

自动运行时，要先确认程序已经检查无误、刀具的序号无误并夹紧、工件伸出夹具的长度正确并且工件已经夹紧、光标在程序头、调到坐标显示画面、刀具的起始点无误。

在确认上述各项后，选择自动方式 ⊡，按循环启动按钮 ⊞。

注：在自动方式下程序从光标所在处开始执行(在编辑方式下，按复位键[//]，光标返回到程序头)。

6. 自动运行的停止

使自动运行停止的方法有两种：一是在程序中设置停止命令，二是按操作面板上的停止按钮。

1)程序暂停(M00)

执行含有 M00 的程序段后，停止自动运转，按循环启动键，又能继续自动运转。

2)程序结束(M30)

用于主程序结束后停止自动运转，变成复位状态，光标返回到程序的起点。

3)进给保持

在自动运行中，按操作面板上的暂停键(进给保持键)使自动运行暂时停止。按循环启动键，程序继续执行。注意该操作在螺纹切削中无效。

4)复位

按 LCD/MDI 上的复位键将自动运行强行结束，变成复位状态。

7. 安全操作

1)急停

按下急停键机床运动立即停止，并且所有的输出如主轴转动、冷却液等也全部关闭。旋转按钮解除急停后，所有的输出都需重新启动，还需要执行回参考点的操作。

2)超程

如果刀具进入了由参数规定的禁止区域(刀架行程极限)，则屏幕显示"准备未绪"，刀具减速后停止。此时用双手操作，一直按住超程解除键，控制器会暂时忽略超程的状态，在手动方式下使刀具向极限的反方向移动(移动方向一定不许按错)。

3)报警处理

查找手册中的报警代码一览表确定故障原因，如果显示 PS□□□，是程序或者设定数据方面的错误，修改程序或者修改设定的数据，故障排除后按复位键可解除报警。

项目二　数控车床轴类零件的编程及加工实例

实训1　简单轴类零件的编程及加工

一、实训目的及要求

(1)了解轴类零件的结构特点。

(2)能够对简单轴类零件进行数控车削工艺分析。

(3)掌握用 G00、G01、G90 编写圆柱面、圆锥面的加工程序的方法。

(4)正确选择、使用轴类零件常用的刀具及切削用量。

(5)能够操作 FANUC－0i 系统完成零件的加工。

二、实训器材

数控车床、93°外圆车刀、量具等。

三、实训内容

1. 图样分析

图 2-1-1 为一个简单轴类零件,材料为 45 号钢,毛坯尺寸为 $\phi 50 \times 80$。

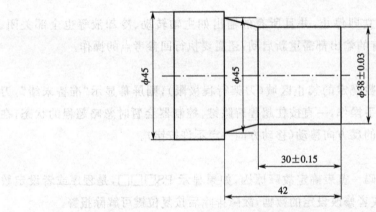

图 2-1-1　简单轴类零件

2. 确定工件的装夹方案

该工件是一个 $\phi 50$ 的实心轴,且有足够的夹持长度和加工余量,便于装夹。采用三爪自定心卡盘夹紧,能自动定心,工件装夹后一般不需找正。以毛坯表面为定位基准面,装夹时跳动不能太大。工件伸出卡盘 55～65 mm 长,能保证 42 mm 的车削长度,同时便于切断刀进行切断加工。

3. 确定加工路线

该零件单件生产,以端面为设计基准,也是长度方向的测量基准,选用 93°硬质合金外圆刀进行粗、精加工,刀号为 T0101,工件坐标原点在右端面。加工前刀架从任意位置回参考点,进行换刀动作(确保 1 号刀在当前刀位),建立 1 号刀工件坐标。

4. 填写加工工艺卡

加工工艺卡见表 2-1-1。

表 2-1-1 加工工艺卡

零件图号		数控车床加工工艺卡			机床型号	CAK6150
零件名称	轴					
刀具表				量具表		
刀具号	刀补号	刀具名称	刀具参数	量具名称		规格
T01	01	93°外圆端面车刀	D 型刀片	游标卡尺		0～150/0.02
				千分尺		25～50/0.01
工序		工艺内容		切削用量		加工性质
			$S/(\text{r/min})$	$F/(\text{mm/r})$	α_p/mm	
1		平端面	800	0.2	1	自动
2		粗车外圆、圆锥	800	0.2	2	自动
3		精车外圆、圆锥	1 000	0.05～0.1	0.5～1	自动

5. 编写加工程序

加工程序见表 2-1-2。

表 2-1-2 轴加工程序

程序内容	程序说明
O2001;	程序号
N010 G97 G99 M03 S800 T0101;	选 1 号刀,主轴正转,800 r/min,设置进给量 mm/r
N030 G00 X55. Z0;	快速运动到加工起点
N040 G01 X0 F0.1;	平端面
N050 G00 X55. Z2.;	快速进刀
N060 G90 X47. Z−42. F0.2;	外圆切削循环 φ47×42
N070　　 X45.5;	外圆切削循环 φ45.5×42
N080 G00 X42.;	进至 φ42 的起点
N090 G01　　 Z−30.;	将 φ38 粗车至 φ42×30
N100　　 X45.5 Z−42.;	粗车圆锥
N110 G00　　 Z2.;	退刀
N120　　 X38.5;	进至 φ38.5 的起点
N130 G01　　 Z−30.;	将 φ38 粗车至 φ38.5×30
N140　　 X45.5 Z−42.;	粗车圆锥
N150　　 X51.;	退刀
N160 G00 X100. Z100.;	快速运动到换刀点

续表

程序内容	程序说明
N170 M05；	主轴停
N180 M00；	程序停
N190 G97 G99 M03 S1000 T0101；	选 1 号刀，主轴正转，1 200 r/min，设置进给量 mm/r
N200 G00 X38. Z2.；	快速运动到加工起点
N210 G01　　　Z－30. F0.1；	精加工 φ38 的外圆
N220　　　X45. Z－42.；	精车圆锥
N230　　　X52.；	退刀
N240 G00 X100. Z100.；	快速运动到换刀点
N250 M30；	程序结束

6.加工过程

1)装刀

刀具安装正确与否，直接影响加工过程的顺利进行和加工质量。车刀不能伸出刀架太长，否则会降低刀杆的刚性，容易产生变形和振动，影响粗糙度。一般刀具伸出长度不超过刀杆厚度的 1.5~2 倍。四刀位刀架安装时垫片要平整，要减少片数，一般只用 2~3 片，否则会产生振动。压紧力度要适当，车刀刀尖要与工件中心线等高。

2)对刀

数控车床的对刀一般采用试切法，用所选的刀具试切零件的外圆和端面，经过测量和计算得到零件端面中心点的坐标值。采用这种方法首先要知道进行程序编制时所采用的编程坐标系原点在工件的什么地方，然后通过试切找到所选刀具与坐标系原点的相对位置，把相应的偏置值输入刀具补偿的寄存器中。

3)程序模拟仿真

为了使加工具有安全保证，在加工之前要对程序进行模拟验证，检查程序的正确性。程序模拟仿真对于初学者是一种非常好的检查程序正确与否的办法，FANUC－0i 数控系统具有图形模拟功能，通过刀具的运动路线可以检查程序是否符合加工零件的程序，如果路线有问题可改变程序并进行调整。另外，也可以采用数控车床仿真软件在计算机上进行仿真模拟，也能起到很好的效果。

4)机床操作

将快速进给和进给速率调整开关的倍率调至"零"，启动程序，慢慢地调整快速进给和进给速率调整旋钮，直到刀具切削到工件。这一步的目的是检验车床的各种设置是否正确，如果不正确有可能发生碰撞现象，迅速停止车床的运动。

切到工件后，通过进给速率调整和主轴转速调整旋钮使得切削三要素合理配合，就可以持续地进行加工了，直到程序运行完毕。

在加工中，要适时检查刀具的磨损情况，工件的表面加工质量，保证加工过程的正确，避免事故的发生。每运行完一个程序，应检查程序的运行效果，对有明显过切或表面粗糙度达不到要求的，应立即进行必要的调整。

实训 2　圆弧轴零件的编程及加工

一、实训目的及要求

(1)能够对圆弧轴零件进行数控车削工艺分析。

(2)掌握用 G02、G03 手工编程的方法。

(3)完成对圆弧轴零件的加工。

二、实训器材

数控车床、93°外圆车刀、切断刀、量具等。

三、实训内容

圆弧加工是车削加工中最常见的加工之一,图 2-2-1 所示是其中较有代表性的零件。

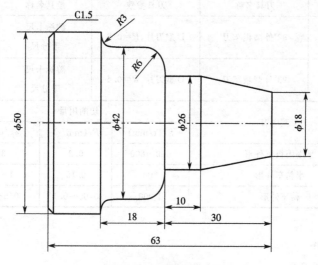

图 2-2-1　圆弧轴零件

1.图样分析

零件如图 2-2-1 所示,材料为 45 号钢,无热处理要求,毛坯尺寸为 $\phi52\times100$,粗、精加工外圆和台阶表面、锥体和圆弧,左端倒角并切断。根据对零件外形的分析,此零件需外圆刀和切断刀。

2.确定工件的装夹方案

轴类零件的定位基准只能是被加工件的外圆表面或端面的中心孔。此零件以毛坯外圆面为粗基准,采用三爪自定心卡盘夹紧,一次加工完成。工件伸出一定长度,便于切断加工。

3. 确定加工路线

该台阶轴零件毛坯为棒料,余量较大(最大处 52-18=34 mm),需多次进刀加工。

首先进行粗加工,用切削指令 G01 编程较烦琐,宜采用 G90 单一形状循环指令,从大到小完成粗加工,留半精余量 1~1.5 mm。但外形面有锥体和圆弧,粗车后会留下不规则的毛坯余量,需进行半精车加工,以保证精车的精度。粗加工的切削深度及切削终点根据外形确定,在不超过半精车余量的范围可进行估算。

半精车加工在精车路线的基础上加 0.5 mm 的余量自右向左进行。精车加工切除 0.5 mm 的余量,以达到零件设计尺寸的精度要求。

4. 填写加工工艺卡

加工工艺卡见表 2-2-1。

表 2-2-1　加工工艺卡

零件图号		数控车床加工工艺卡		机床型号	CAK6150
零件名称	圆弧轴				
刀具表				量具表	
刀具号	刀补号	刀具名称	刀具参数	量具名称	规格
T01	01	93°外圆粗车刀	D 型刀片,$R=0.8$	游标卡尺 千分尺	0~150/0.02 25~50/0.01
T02	02	93°外圆精车刀	D 型刀片,$R=0.4$	游标卡尺 千分尺	0~150/0.02 25~50/0.01
工序	工艺内容		切削用量		加工性质
		$S/(\text{r/min})$	$F/(\text{mm/r})$	α_p/mm	
1	平端面粗车外形	600~800	0.2	3	自动
2	半精车外形	800	0.15	1~2	自动
3	精车外形	1 000	0.05~0.1	0.5~1	自动

5. 编写加工程序

加工程序见表 2-2-2。

表 2-2-2　圆弧轴加工程序

程序内容	程序说明
O2002;	程序号
N010 G97 G99 M03 S800 T0101;	选 1 号刀,主轴正转,800 r/min,设置进给量 mm/r
N030 G00 X55. Z0;	快速运动到加工起点
N040 G01 X0 F0.1;	平端面
N050 G00 X55. Z2.;	以快速进刀至循环起点
N060 G90 X47. Z-47. F0.2;	G90 外圆粗车循环 1
N070 　　　 X44. Z-45.;	G90 外圆粗车循环 2
N080 　　　 X38. Z-30.;	G90 外圆粗车循环 3
N090 　　　 X33.;	G90 外圆粗车循环 4
N100 　　　 X28.;	G90 外圆粗车循环 5
N110 G00 X18.5;	接近锥体小径

程序内容	程序说明
N120 G01　　Z0　　F0.15；	半精加工起点
N130　　　　X26.5 Z-20.F0.15；	半精车锥体
N140　　　　Z-30.；	半精车 $\phi26$ 的外圆
N150　　　　X30.5；	至 R6 圆弧的起点
N160 G03 X42.5 Z-36. R6.；	半精车 R6
N180 G01　　　Z-45.0；	半精车 $\phi42$ 的外圆
N190 G02 X48.5 Z-48. R3.；	半精车 R3
N200 G01 X50.5；	退刀
N210　　　　　Z-70.；	半精车 $\phi50$ 的外圆
N220　　　X55.；	X 退出毛坯面
N230 G00 X100. Z100；	快速运动到换刀点
N240 M05；	主轴停
N250 M00；	程序停（测量）
N260 G97 G99 M03 S1000 T0202；	选 2 号刀，主轴正转，1 200 r/min，设置进给量 mm/r
N270 G00 X100. Z100.；	快速运动到换刀点
N280 G42 X18 Z2.0；	快速运动到锥体小径延长点（计算）建立半径补偿
N290 G01 X26. Z-20. F0.1；	精加工锥体
N300　　　　Z-30.；	精加工 $\phi26$ 的外圆
N310　　　X30.；	退刀
N320 G03 X42. Z-36. R6.；	精加工 R6 的圆弧
N330 G01　　　Z-45.；	精加工 $\phi42$ 的外圆
N340 G02 X48. Z-48. R3.；	精加工 R3 的圆弧
N350 G01 X50.；	退刀
N360 Z-70.；	精加工 $\phi50$ 的外圆
N370 G40 G00 X100. Z100.；	取消补偿，运动到换刀点
N380 M30；	程序结束，返回程序头

6.操作注意事项

为了保证加工基准的一致性，在多把刀具对刀时，可以先用一把刀具加工出一个基准，其他各把刀具依次依基准进行对刀。

实训 3　切槽和切断的编程及加工

一、实训目的及要求

（1）掌握切槽和切断的编程指令 G01、G04。

（2）能够对外沟槽零件进行数控车削工艺分析。

（3）应用切槽加工指令进行切槽和切断的编程及加工。

二、实训器材

数控车床、93°外圆车刀、切槽刀、切断刀、量具等。

三、实训内容

1.图样分析

零件如图 2-3-1 所示,材料为 45 号钢,无热处理要求,毛坯尺寸为 $\phi42\times100$,粗、精加工外圆表面、切宽槽,左端切断。根据对零件外形的分析,此零件需外圆刀和 5 mm 切槽刀。

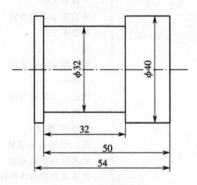

图 2-3-1　宽槽零件

2.确定工件的装夹方案

轴类零件的定位基准只能是被加工件的外圆表面或端面的中心孔。此零件以毛坯外圆面为粗基准,采用三爪自定心卡盘夹紧,一次加工完成。工件伸出一定长度,便于切断加工。

3.确定加工路线

(1)外圆粗、精加工:用 G00、G01、G90 等指令。

(2)切槽(刀宽 4 mm):用 G00、G01 等指令。

(3)切断:手动车削。

4.填写加工工艺卡

加工工艺卡见表 2-3-1。

表 2-3-1　加工工艺卡

零件图号		数控车床加工工艺卡		机床型号	CAK6150
零件名称	宽槽零件			机床编号	
刀具表				量具表	
刀具号	刀补号	刀具名称	刀具参数	量具名称	规格
T01	01	93°外圆粗、精车刀	D 型刀片,$R=0.4$	游标卡尺	0~150/0.02
				千分尺	25~50/0.01
T02	02	切槽刀	刀宽 4 mm	游标卡尺	0~150/0.02
				千分尺	25~50/0.01
T03	03	切断刀	刀宽 4 mm、长 25 mm	游标卡尺	0~150/0.02
工序		工艺内容	切削用量		加工性质
			$S/(\text{r/min})$	$F/(\text{mm/r})$	α_p/mm

1	平端面粗车外形	600~800	0.2	2	自动
2	精车外形	1 200	0.1	0.5~1	自动
3	切槽	400	0.08		自动
4	切断	600	0.15		手动

5.编写加工程序

加工程序见表 2-3-2。

表 2-3-2　宽槽零件加工程序(FANUC 系统)

程序内容	程序说明
O2003;	程序号
N010 G99 G97 M03 S800;	主轴指令,进给量单位为 mm/r
N020 T0101;	选 1 号刀
N030 G00 X42. Z0;	快速运动到加工起点
N040 G01 X0 F0.1;	平端面
N050 G00 X42. Z2.;	快速进刀至循环起点
N060 G90 X40.5 Z−58. F0.2;	外圆粗车循环
N070 G00 X40.0;	精车起点
N080 G01 Z−58.0 F0.1;	精车 φ40 的外圆
N090 G01 X42.0;	X 退出毛坯面
N100 G00 X100.0 Z100.0;	快速运动到换刀点
N110 M05;	主轴停
N120 G99 M03 S400;	主轴正转,400 r/min,进给量单位为 mm/r
N130 T0202;	选 2 号刀
N140 G00 X42.0 Z−18.0;	快速移刀至切槽起点
N150 G98 P82011;	调用 8 次子程序切槽
N160 G00 X42.0 Z−58.0;	运动到切断点
N170 G01 X2.0 F0.08;	切断
N180 G00 X100.0 Z100.0;	退刀
N190 M30;	程序结束
02011;	切槽子程序
N1 G00 W−4.0;	
N10 G01 X20.0 F0.08;	
N20 G04 X1.0;	
N30 G01 X41.0 F0.3;	
N40 M99;	

6.加工过程

(1)机床准备。

(2)对刀(两把刀)。

(3)输入程序。

(4)程序校验及加工轨迹仿真。

(5)自动加工。

7.操作注意事项

(1)为了保证加工基准的一致性,在多把刀具对刀时,可以先用一把刀具加工出一个基准,其他各把刀具依次依基准进行对刀。

(2)切槽为 X 进刀时横切削力较大,注意控制进刀量。

实训 4　螺纹零件的编程及加工

一、实训目的及要求

(1)掌握常用的螺纹加工指令。

(2)能够对螺纹零件进行数控车削工艺分析。

(3)熟练应用螺纹加工指令进行螺纹加工。

二、实训器材

数控车床、93°外圆车刀、螺纹刀、切断刀、量具等。

三、实训内容

螺纹是零件上常见的一种结构,带螺纹的零件是机器设备中重要的零件之一。作为标准件,它的用途十分广泛,能起到连接、传动、紧固等作用。螺纹按用途分为连接螺纹和传动螺纹两种。图 2-4-1 所示为螺柱零件,螺纹是普通三角螺纹。

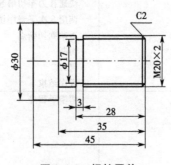

图 2-4-1　螺柱零件

1.图样分析

零件如图 2-4-1 所示,毛坯尺寸为 $\phi35\times80$,粗、精加工外圆表面、倒角、切槽、外螺纹,左端切断。根据对零件外形的分析,此零件需外圆刀、3 mm 切槽刀及外螺纹车刀。

2.确定工件的装夹方案

由于毛坯为棒料,用三爪自定心卡盘夹紧,一次加工完成。工件伸出一定长度要便于切断加工操作。

3.确定加工路线

(1)外圆粗、精加工。

(2)切槽(刀宽 3 mm)。

(3)车削 M20×2 的螺纹。

(4)切断。

4.填写加工工艺卡

加工工艺卡见表 2-4-1。

表 2-4-1　加工工艺卡

零件图号			数控车床加工工艺卡		机床型号	CAK6150
零件名称	螺柱零件				机床编号	
	刀具表				量具表	
刀具号	刀补号	刀具名称	刀具参数		量具名称	规格
T01	01	93°外圆粗、精车刀	D 型刀片,R=0.4		游标卡尺	0~150/0.02
					千分尺	25~50/0.01
T02	02	切槽刀	刀宽 3 mm		游标卡尺	0~150/0.02
T03	03	60°外螺纹车刀			游标卡尺	0~150/0.02
					环规	M20×2
工序	工艺内容		切削用量			加工性质
			S/(r/min)	F/(mm/r)	a_p/mm	
1	粗车外形		600~800	0.2	2	自动
2	精车外形		1 000	0.1	0.5~1	自动
3	切槽		400	0.15		自动
4	车螺纹		600	2		自动
5	切断		600	0.15		手动

5.编写加工程序

加工程度见表 2-4-2。

表 2-4-2　螺柱零件切削程序

程序内容	程序说明
O2004;	程序号
N010 G97 G99 M03 S600 T0101;	选1号刀,主轴正转,600 r/min,设置进给量 mm/r
N020 G00 X35.0 Z2.0;	快速移刀至
N030 G90 X30.5 Z−50.0 F0.2;	粗车循环 1
N040 　　X25.0 Z−35.0;	粗车循环 2
N050 　　X20.5;	粗车循环 3
N060 G00 X15.8 Z2.0 M03 S1000;	精车起点,1 000 r/min
N065 G01 　Z0 F0.1;	倒角 C1
N070 G01 X19.8 Z−2.0;	精车螺纹外圆
N080 　　　Z−28.0;	退刀
N090 　　X20.0;	精车 φ20 的外圆
N100 　　Z−35.0;	退刀
N110 　　X30.0;	精车 φ30 的外圆
N120 Z−50.0;	运动到换刀点

程序内容	程序说明
N130 G00 X100.0 Z100.0；	主轴停
N135 M05；	选2号刀,主轴正转,400 r/min,设置进给量 mm/r
N140 G97 G99 M03 S400 T0202；	切槽起点
N150 G00 X23.0 Z−35.0；	切槽至底径
N160 G01 X17.0 F0.15；	X向退出
N170 X22.0；	
N180 G0 X100.0 Z100.0；	运动到换刀点
N185 M05；	主轴停
N190 G99 M03 S600 T0303；	选3号刀,主轴正转,600 r/min,设置进给量 mm/r
N200 G00 X22.0 Z5.0；	螺纹循环起点
N210 G92 X19.1 Z−26.0 F2.0；	螺纹切削循环1
N220 X18.5；	螺纹切削循环2
N230 X17.9；	螺纹切削循环3
N240 X17.5；	螺纹切削循环4
N250 X17.4；	螺纹切削循环5
N260 G00 X100.0 Z100.0；	运动到换刀点
N280 M30；	程序结束,返回程序头

6. 加工过程

(1)机床准备。

(2)对刀(三把刀)。

(3)输入程序。

(4)程序校验及加工轨迹仿真。

(5)自动加工。

7. 检验方法

外螺纹的检验方法有两种:综合检验和单项检验。通常进行综合检验,综合检验就是用环规对影响螺纹互换性的几何参数偏差的综合结果进行检验,外螺纹环规如图2-4-2 所示。

外螺纹环规分为通端与止端,若被测外螺纹能够与通端旋合通过,且与止端不完全旋合通过(螺纹止规只允许与被测螺纹两段旋合,旋合量不得超过两个螺距),表明被测外螺纹的中径没有超过其最大实体牙型的中径,且单一中径没有超过其最小实体牙型的中径,这样就可以保证旋合性和连接强度,被测外螺纹中径合格。

图 2-4-2　外螺纹环规

8. 操作注意事项

(1)为了保证加工基准的一致性,在多把刀具对刀时,可以先用一把刀具加工出一个基准,其他各把刀具依次依基准进行对刀。

(2)加工螺纹时主轴转速、倍率不能改变,否则会造成乱扣。

实训 5 典型轴类零件的编程及加工一

一、实训目的及要求

(1)应用 G00、G01、G02\G03、G92、G71(G70)指令综合手工编程。

(2)能够对较复杂轴类零件进行数控车削工艺分析。

(3)掌握多把刀对刀方法及刀具半径补偿的设置和应用。

(4)完成零件两次装夹的操作加工。

二、实训器材

数控车床、93°外圆车刀、切断刀、量具等。

三、实训内容

零件如图 2-5-1 所示,毛坯尺寸为 $\phi50\times155$,要求按图样单件加工。

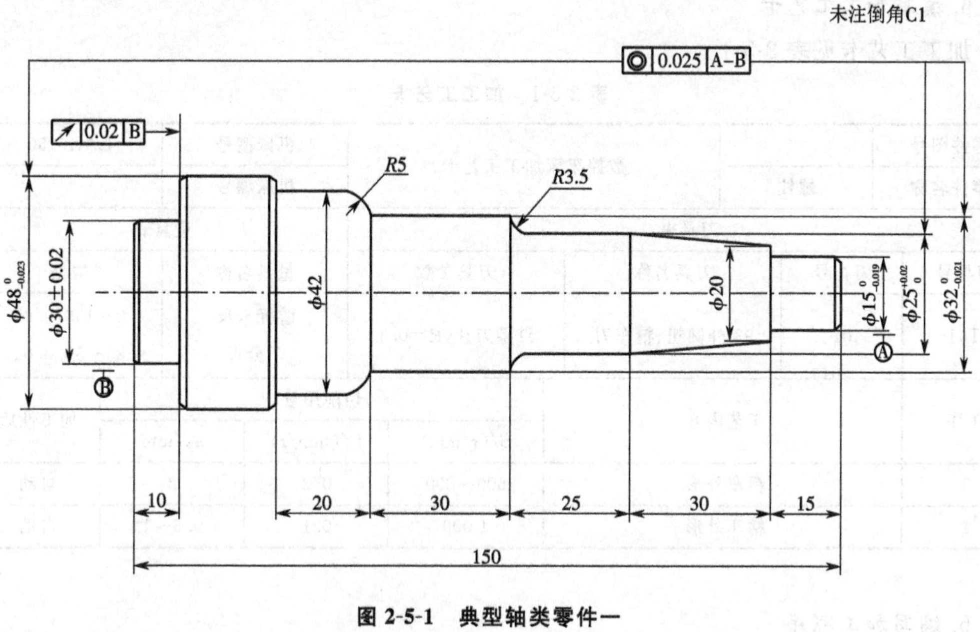

图 2-5-1 典型轴类零件一

1.图样分析

零件为典型轴类零件,从图纸要求来看,有五处径向尺寸都有较高的精度要求,且表面粗糙度都为 $Ra1.6$。

2.确定工件的装夹方案

粗、精加工装夹时,根据该零件有端面跳动度和同轴度形位精度要求,可采用一夹一顶的装夹方式进行加工,以左端台阶精加工面作轴向限位,可保证轴向尺寸的一致性(也可采用两顶尖装夹方式)。

3. 切削用量选择(在实际操作中可通过进给倍率开关进行调整)

(1)粗加工切削用量选择:切削深度 $\alpha_p = 2 \sim 3$ mm(单边);主轴转速 $s = 600 \sim 800$ r/min;进给量 $F = 0.1 \sim 0.2$ mm/r。

(2)精加工切削用量选择:切削深度 $\alpha_p = 0.3 \sim 0.5$ mm(双边);主轴转速 $s = 800 \sim 1\,200$ r/min;进给量 $F = 0.05 \sim 0.07$ mm/r。

4. 确定加工路线

(1)粗、精加工零件左端 $\phi30$ 及 $\phi48$ 外圆并倒两直角。

装夹毛坯,伸出约 50 mm,此处为简单的台阶外圆,可应用 GO1,G90 或 G71,G70 编制程序。

(2)加工右端形面。

①工件调头,装夹 $\phi30$ mm 外圆,顶上顶尖。

②用 G71 指令粗去除 $\phi15$,$\phi25$,$\phi32$,$\phi42$ 外圆尺寸,X 向留 0.5 mm,Z 向留 0.1 mm 的精加工余量。

③用 G70 指令进行外形精加工。

5. 填写加工工艺卡

加工工艺卡见表 2-5-1。

表 2-5-1　加工工艺卡

零件图号		数控车床加工工艺卡		机床型号	CAK6150
零件名称	螺柱			机床编号	
刀具表				量具表	
刀具号	刀补号	刀具名称	刀具参数	量具名称	规格
T01	01	93°外圆粗、精车刀	D型刀片,$R = 0.4$	游标卡尺	$0 \sim 150/0.02$
				千分尺	$25 \sim 50/0.01$
工序	工艺内容		切削用量		加工性质
		$S/(\text{r/min})$	$F/(\text{mm/r})$	α_p/mm	
1	粗车外形	$600 \sim 800$	0.2	2	自动
2	精车外形	1 000	0.1	$0.5 \sim 1$	自动

6. 编写加工程序

加工程序见表 2-5-2 和表 2-5-3。

表 2-5-2　典型轴类零件切削程序

程序内容	程序说明
O2005;	程序号(加工左面)
N010 G97 G99 M03 S800 T0101;	主轴转速 800 r/min,1 号刀
N020 G00 X50.0 Z2.0;	G71 循环起点
N030 G71 U1.5 R0.5;	切深 2 mm,退刀 0.5 mm
N040 G71 P50　Q120 U0.5 W0.1 F0.2;	精车路线 N050 至 N120,X,Z 向分别留 0.5 mm 和 0.1 mm

程序内容	程序说明
	精车余量,粗车进给量 0.2 mm/r,粗车转速 800 r/min
N050 G00 X28. S1000;	精车第一段(须单轴运动),倒角起点(X28)
N060 G01 Z0;	倒角
N070 G01 X30. Z−1.0 F0.1;	φ30 的外圆
N080 Z−10.0;	平台阶
N090 X46.0;	
N100 X48.0 W−1.0;	倒第二处角
N110 Z−32.0;	精车 φ48 的外圆最后一段
N120 X52.0;	退刀(注意 Z 向距离)
N130 G70 P50 Q120;	精车循环加工
N140 G00 X100.0;	退刀(注意 Z 向距离)
N141 Z100;	
N150 M05;	主轴停止
N160 M30;	程序结束

表 2-5-3 典型轴类零件一加工程序

程序内容	程序说明
O2006;	程序号(加工左面)
N010 G97 G99 M03 S800 T0101;	1 号车刀,主轴转速 800 r/min,换刀点
N020 G00 X50.0 Z2.0;	G71 循环起点
N030 G71 U1.5 R0.5;	每刀单边切深 2 mm,退刀量 0.5 mm,精车路线 N050
N040 G71 P50 Q180 U0.5 W0.1 F0.2;	至 N180
N050 G00 X13.0 S1000;	精车首段
N060 G01 Z0 F0.1;	倒角起点
N070 G01 X15.0 Z−1.0;	倒角
N080 Z−15.0;	加工 φ15 的外圆
N090 X20.0;	锥体起点
N100 X25.0 W−30.0;	车锥体
N110 W−21.5;	加工 φ25 的外圆
N120 G02 X32.0 W−3.5 R3.5;	车 R3.5 的圆角
N130 W−30.0;	加工 φ32 的外圆
N140 G03 X42.0 W−5.0 R5.0;	车 R5 的圆角
N150 G01 Z−120.0;	加工 φ42 的外圆
N160 X46.0;	倒角起点
N170 X48.0 W−1.0;	倒角
N180 X50.0;	精车末段
N220 G70 P50 Q180 F0.1;	G70 精加工外形
N230 X100.0 Z100.0;	退刀
N240 M05;	主轴停止
N250 M30;	程序结束

7.加工过程

(1)此零件要经两个程序加工完成,所以调头时要重新确定工件原点,程序中的编程原点要与工件原点相对应,执行完第一个程序后,工件调头执行另一个程序时需重新对两把刀的 Z 向原点,因为 X 向原点在轴线上,无论工件大小都不会改变,所以 X 方向不必再次对刀。

（2）输入程序。

（3）程序校验及加工轨迹仿真。

（4）自动加工。

（5）检测零件精度。

8.操作注意事项

（1）采用顶尖装夹方式最需注意的是刀具和刀架与尾座顶尖之间的距离。刀具伸出长度要适当,要确认刀尖到达 $\phi28$ 时刀架不与尾座碰撞。

（2）刀头宽度及起刀点的 Z 向距离要适当。

（3）换刀点只能在工件正上方适当的安全位置,不能用 G28 回参考点指令,以免发生碰撞。

实训 6　典型轴类零件的编程及加工二

一、实训目的及要求

（1）应用 G00、G01、G02\G03、G92、G73（G70）指令综合手工编程。

（2）能够对较复杂轴类零件进行数控车削工艺分析。

（3）掌握多把刀对刀方法及刀具半径补偿的设置和应用。

二、实训器材

数控车床、93°外圆车刀、切断刀、量具等。

三、实训内容

零件如图 2-6-1 所示,毛坯尺寸为 $\phi28\times150$,要求按图样单件加工。

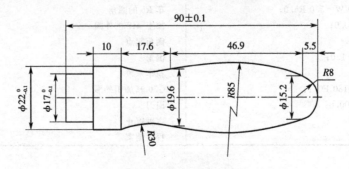

图 2-6-1　典型轴类零件二

1.图样分析

零件为典型轴类零件。

2. 确定加工路线

(1) 装夹毛坯，伸出约 100 mm。

(2) 粗加工用 G73 指令加工外轮廓，X 向留 0.5 mm，Z 向留 0.1 mm 的精加工余量。

(3) 用 G70 指令进行外形精加工。

(4) 用切断刀加工左端至 $\phi17$，并切断。

3. 填写加工工艺卡

加工工艺卡见表 2-6-1。

表 2-6-1 加工工艺卡

零件图号		数控车床加工工艺卡		机床型号	CAK6150
零件名称	螺柱			机床编号	
刀具表				**量具表**	
刀具号	刀补号	刀具名称	刀具参数	量具名称	规格
T01	01	93°外圆粗、精车刀	D 型刀片，$R=0.4$	游标卡尺	0~150/0.02
				千分尺	25~50/0.01
T02	02	切断刀	刀宽 4 mm	游标卡尺	0~150/0.02
工序	工艺内容		切削用量		加工性质
		$S/(\text{r/min})$	$F/(\text{mm/r})$	α_p/mm	
1	粗车外形	600~800	0.2	2	自动
2	精车外形	1 000	0.1	0.5~1	自动
3	切槽、切断	300	0.05		自动

4. 编写加工程序

加工程序见表 2-6-2。

表 2-6-2 典型轴类零件切削程序

程序内容	程序说明
O2007；	程序号(加工左面)
G97 G99 M03 S600 T0101；	选 1 号刀，主轴正转，600 r/min
M08；	冷却液开
G00 X28.0 Z2.0；	快速运动到循环点
G73 U12 W0 R8；	粗加工
G73 P10 Q20 U0.5 W0.05 F0.15；	
N10 G00 X0　S1000；	循环加工起始段
G01 Z0　F0.1；	
G03 X15.2 Z−5.5 R8.0；	
G03 X19.6 Z−52.4 R85.0；	
G02 X24.0 Z−70.0 R30.0；	
G01 X24.0 Z−94.0；	
N20 G00 X28.0；	循环加工终点段
G00 X100.0 Z100.0；	
M05；	
M00；	

程序内容	程序说明
G97 G99 M03 S1000;	
M08;	
G00 X28.0 Z2.0;	精加工
G70 P10 Q20;	快速运动到安全点
G00 X100.0 Z100.0;	
M05;	
M09;	
M00;	
G99 M03 S300 T0202;	选 2 号刀,主轴正转,800 r/min
M08;	冷却液开
G00 X28.0 Z−84.0;	快速运动到循环点
G01 X17.0 F0.08;	粗加工至 φ17
G00 X25.0;	
Z−88.0;	
G01 X17.0 F0.08;	
G00 X25.0;	
Z−90.0;	
G01 X17.0 F0.08;	
Z−94.0;	
G01 X1.0 F0.08;	切断
G00 Z100.0;	退刀
X100.0;	
M30;	程序结束

项目三　数控车床套类零件的编程及加工实例

实训 1　简单套类零件的编程及加工

一、实训目的及要求

(1)能够对简单套类零件进行数控车削工艺分析。

(2)掌握镗孔刀的安装、使用与对刀方法。

(3)掌握内孔加工程序的编写方法,能够完成简单套类零件的加工。

二、实训器材

数控车床、93°外圆车刀、中心钻、麻花钻、镗孔刀、切断刀、内径百分表等。

三、实训内容

1. 图样分析

图 3-1-1 为一个简单套类零件,毛坯尺寸为 $\phi45 \times 55$,外圆三个台阶尺寸分别为 $\phi42$、$\phi40$、$\phi36$,内孔三个台阶尺寸分别为 $\phi30$、$\phi24$、$\phi26$。技术要求:锐角倒钝 C0.5。

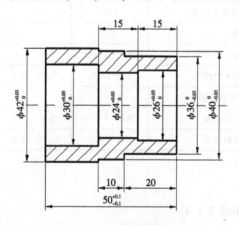

图 3-1-1　简单套类零件

2. 确定工件的装夹方案

此零件需经两次装夹才能完成加工,第一次夹左端车右端,完成通孔,$\phi36$、$\phi40$ 的外圆与 $\phi26$、$\phi24$ 的内孔的加工;第二次以 $\phi36$ 的精车外圆为定位基准,先进行 $\phi42$ 外圆的加工,

然后进行 $\phi30$ 内孔的加工。

3. 确定加工路线

(1)平端面(确定总体长度)。

(2)钻 $\phi22$ 的孔。

(3)粗、精车 $\phi36$、$\phi40$ 的外圆。

(4)粗、精车 $\phi26$、$\phi24$ 的内孔。

(5)工件调头,夹 $\phi36$ 的外圆。

(6)粗、精车 $\phi42$ 的外圆。

(7)粗、精车 $\phi30$ 的内孔。

4. 填写加工工艺卡

加工工艺卡见表 3-1-1。

表 3-1-1　工件刀具工艺卡

零件图号		数控车床加工工艺卡		机床型号	CAK6150
零件名称	简单套类零件			机床编号	
刀具表				量具表	
刀具号	刀补号	刀具名称	刀具参数	量具名称	规格
T01	01	93°外圆车刀	D 型刀片	游标卡尺	0～150/0.02
				千分尺	25～50/0.01
T02	02	91°镗孔车刀	T 型刀片	内径百分表	18～35/0.01
		钻头 $\phi22$		游标卡尺	0～150/0.02

工序	工艺内容	切削用量			加工性质
		S/(r/min)	F/(mm/r)	α_p/mm	
数控车	车外圆、端面确定基准	500		1	手动
	钻孔	300			手动
	加工 $\phi36$、$\phi40$ 的外圆	800～1 000	0.1～0.2	0.5～3	自动
	加工 $\phi26$、$\phi24$ 的内孔	600～800	0.05～0.1	0.5～2	自动
数控车	调头夹 $\phi36$ 的外圆				手动
	加工 $\phi42$ 的外圆	800～1 000	0.1～0.2	0.5～3	自动
	加工 $\phi30$ 的内孔	600～800	0.05～0.1	0.5～2	自动

5. 编写加工程序

加工程序见表 3-1-2 和表 3-1-3。

表 3-1-2　加工零件右端的程序

程序内容	程序说明
O3001;	程序号
G97 G99 M03 S600 T0101;	选 1 号刀,主轴正转,600 r/min
M08;	冷却液开
G00 X45.0 Z2.0;	快速运动到循环点

续表

程序内容	程序说明
G71 U1.5 R0.5;	粗加工 $\phi36$、$\phi40$ 的外圆
G71 P10 Q20 U0.5 W0.05 F0.15;	
N10 G00 X22.0　S1000;	循环加工起始段
G01 Z0　F0.1;	
X35.0;	
X36.0 Z−0.5;	
Z−20.0;	
X40.0;	
Z−30.0;	
N20 G00 X46.0;	循环加工终点段
G70 P10 Q20;	精加工
G00 X100.0 Z100.0;	快速运动到安全点
M00;	
G97 G99 M03 S600 T0202;	选2号刀,主轴正转,800 r/min
M08;	冷却液开
G00 X20.0 Z2.0;	快速运动到循环点
G71 U1.0 R0.5;	粗加工 $\phi26$、$\phi24$ 的内孔
G71 P30 Q40 U−0.5 W0.05 F0.15;	
N30 G00 X27.0 S1000;	循环加工起始段
G01 Z0 F0.1;	
X26.0 Z−0.5;	
Z−15.0;	
X24.0;	
Z−31.0;	
N40 G00 X20.0;	循环加工终点段
G00 Z100.0;	退刀
X100.0;	
M09;	冷却液关
M00;	
G99 M03 S800 T0202;	选2号刀,主轴正转,800 r/min
M08;	冷却液开
G00 X20.0 Z2.0;	快速运动到循环点
G70 P30 Q40;	精加工
G00 Z100.0;	快速运动到安全点
X100.0;	
M09;	冷却液关
M30;	程序结束,返回程序头

表 3-1-3　加工零件左端的程序

程序内容	程序说明
O3002;	程序号
G97 G99 M03 S600 T0101;	选1号刀,主轴正转,600 r/min
M08;	冷却液开
G00 X45.0 Z2.0;	快速运动到循环点
G71 U1.5 R0.5;	粗加工 $\phi42$ 的外圆
G71 P10 Q20 U0.5 W0.05 F0.15;	
N10 G00 X22.0　S1000;	循环加工起始段

程序内容	程序说明
G01 Z0　F0.1;	
X41.0;	
X42.0 Z−0.5;	
Z−22.0;	
N20 G00 X46.0;	循环加工终点段
G70 P10 Q20;	精加工
G00 X100.0 Z100.0;	快速运动到安全点
M00;	
G99 M03 S600 T0202;	选 2 号刀,主轴正转,600 r/min
M08;	冷却液开
G00 X20.0 Z2.0;	快速运动到循环点
G71 U1.0 R0.5;	粗加工 φ30 的内孔
G71 P30 Q40 U−0.5 W0.05 F0.15;	
N30 G00 X31.0 S1000;	循环加工起始段
G01 Z0 F0.1;	
X30.0 Z−0.5;	
Z−20.0;	
X23.0;	
X24.0 Z−20.5;	
N40 G00 X20.0;	循环加工终点段
G00 Z100.0;	快速运动到安全点
X100.0;	
M09;	冷却液关
M00;	程序暂停
G99 M03 S800 T0202;	选 2 号刀,主轴正转,800 r/min
G00 X20.0 Z2.0;	快速运动到循环点
M08;	冷却液开
G70 P30 Q40 F0.05;	精加工 φ30 的内孔
G00 Z100.0;	快速运动到安全点
X100.0;	
M09;	冷却液关
M30;	程序结束,返回程序头

6.加工过程

1)装刀过程

根据加工工艺卡准备好要用的刀具,机夹式刀具要认真检查刀片与刀体的接触和安装是否正确无误,螺丝是否已经拧牢固。按照加工工艺卡的刀具号将相应的刀具安装到刀盘中。装刀时要一把一把地装,通过试切工件的端面不断调整垫刀片的高度,保证刀具的切削刃与工件的中心在同一高度,然后将刀具压紧。

注意刀盘中的刀具与刀具号一定要与加工工艺卡一致,否则程序调用刀具时会发生碰撞危险,造成工件报废,机床受损,甚至人身伤害。

2)对刀过程

数控车床的对刀一般采用试切法,用所选的刀具试切零件的外圆和端面,经过测量和计算得到零件端面中心点的坐标值。

常用的方法是对每一把刀具分别对刀,将刀具偏移量分别输入寄存器。

内孔车刀对刀的方法是试切内孔测量孔径,将偏移值输入寄存器中相应的形状补偿;长度方向的补偿值与外圆刀测量方法一样。

另外,可以采用手动脉冲的方法在已经加工的工件面上进行对刀,采用这种方法对刀时,一定要注意靠近工件时应该采用小于 0.01 mm 的倍率来移动刀具,直到碰到工件为止,不要切削过多造成工件报废。

3)程序模拟仿真

为了使加工得到安全保证,在加工之前要先对程序进行模拟验证,检查程序的正确性。程序模拟仿真对于初学者来讲是一种非常好的检查程序正确与否的方法,FANUC—0i 数控系统具有图形模拟功能,可以通过刀具的运动路线检查程序是否符合零件的外形,如果路线有问题可改变程序并进行调整。另外,也可以采用数控车床仿真软件在计算机上进行仿真模拟,也能起到很好的效果。

4)机床操作

将"快速进给"和"进给速率调整"旋钮的倍率调为"零",启动程序,慢慢地调整"快速进给"和"进给速率调整"旋钮,直到刀具切削到工件。这一步的目的是检验车床的各种设置是否正确,如果不正确有可能发生碰撞现象,应迅速停止车床的运动。

当切到工件后,通过调整"进给速率调整"和"主轴转速"旋钮使得切削三要素合理地配合,就可以持续地进行加工了,直到程序运行完毕。

在加工中,要适时地检查刀具的磨损情况,工件的表面加工质量,保证加工过程的正确,避免事故的发生。每运行完一个程序后应检查程序运行的效果,对有明显过切或表面粗糙度达不到要求的,应立即进行必要的调整。

7.检测方法

1)内径千分尺

内径千分尺如图 3-1-2 所示,用于测量小尺寸内径和内侧面槽的宽度。其特点是容易找正内孔直径,测量方便。国产内径千分尺的分度值为 0.01 mm,测量范围有 5~30 mm 和 25~50 mm 两种,图 3-1-2 所示是 5~30 mm 的内径千分尺。内径千分尺的读数方法与外径千分尺相同,只是套筒上的刻线尺寸与外径千分尺相反,另外测量方向和读数方向也与外径千分尺相反。

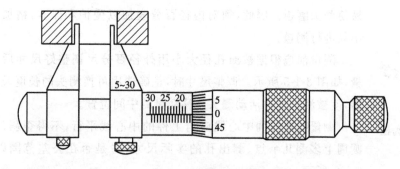

图 3-1-2　内径千分尺

2)三爪内径千分尺

三爪内径千分尺适用于测量中小直径的精密内孔,尤其适于测量深孔的直径。测量范围(mm):6~8,8~10,10~12,11~14,14~17,17~20,20~25,25~30,30~35,35~40,40~50,50~60,60~70,70~80,80~90,90~100。三爪内径千分尺的零位必须在标准孔内进行校对。

图 3-1-3 所示为测量范围为 11~14 mm 的三爪内径千分尺,顺时针旋转测力装置 6 时,带动测微螺杆 3 旋转,并使它沿着螺纹轴套 4 的螺旋线方向移动,于是测微螺杆端部的方形圆锥螺纹就推动测量爪 1(三个)径向移动,扭簧 2 的弹力使测量爪紧紧地贴合在方形圆锥螺纹上,并随着测微螺杆进退而伸缩。

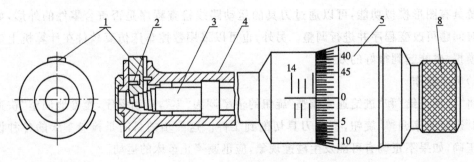

图 3-1-3　三爪内径千分尺

三爪内径千分尺的方形圆锥螺纹的径向螺距为 0.25 mm,即测力装置顺时针旋转一周测量爪就向外(半径方向)移动 0.25 mm,由三个测量爪形成的圆周直径就增大 0.5 mm。即微分筒旋转一周,测量直径增大 0.5 mm,微分筒的圆周上刻着 100 个等分格,所以其分度值为 0.5 mm÷100=0.005 mm。

3)内径百分表

图 3-1-4　内径百分表

内径百分表用来测量圆柱孔,它附有成套的可调测量头,使用前必须先进行组合和校对零位,如图 3-1-4 所示。

组合时,将百分表装入连杆,使小指针指在 0~1 的位置,长针和连杆的轴线重合,刻度盘上的字垂直向下,以便测量时观察,装好后应予紧固。粗加工时最好先用游标卡尺或内卡钳测量。因内径百分表同其他精密量具一样属贵重仪器,粗加工时工件表面粗糙不平,测量不准确,也易使测头磨损。因此,须对内径百分表加以爱护和保养,精加工时再使用其进行测量。

测量前应根据被测孔径大小用外径百分尺调整好尺寸后再进行测量,如图 3-1-5 所示。调整尺寸时,正确选用可换测头的长度及其伸出距离,使被测尺寸在活动测头总移动量的中间位置。

测量时连杆的中心线应与工件的中心线平行,不得歪斜,并且应在圆周上多测几个点,测出孔的实际尺寸,看是否在公差范围以内,如图 3-1-6 所示。

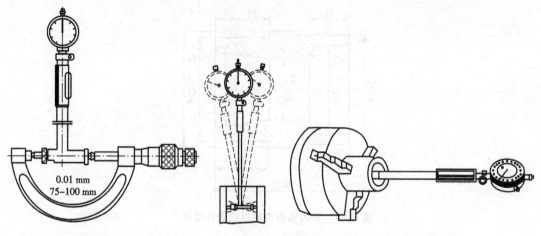

图 3-1-5　用外径百分尺调整尺寸　　　　　　**图 3-1-6　内径百分表的使用方法**

8.操作注意事项

(1)为了保证加工基准的一致性,在多把刀具对刀时,可以先用一把刀具加工出一个基准,其他各把刀具依次依基准进行对刀。对刀时注意各刀具刀补值的输入数值与其在输入界面中的位置不要发生混淆。

(2)因为加工零件时要进行两次装夹,所以要注意工件坐标系改变后,每一把车刀都需要重新对刀,否则会出现撞刀事故,造成严重的损失。

(3)内孔车刀的选择应注意内孔的大小,不要使车刀的背面与工件发生干涉。加工时注意排屑和冷却,及时调整冷却液的浇注位置。

实训 2　内锥与内圆弧的加工方法

一、实训目的及要求

(1)掌握内锥与内圆弧的编程与加工方法。

(2)掌握内圆弧顺、逆方向的判定方法。

二、实训器材

数控车床、93°外圆车刀、中心钻、麻花钻、镗孔刀、切断刀、内径百分表等。

三、实训内容

1.图样分析

图 3-2-1 所示为一个带内锥与内圆弧的套类零件,毛坯尺寸为 $\phi45\times55$,外圆三个台阶尺寸分别为 $\phi40$、$\phi42$、$\phi38$,内孔三个台阶尺寸分别为 $\phi32$、$\phi22$、$\phi26$,内孔部分包含 $R3$、$R5$ 的两个圆弧。技术要求:锐角倒钝 C0.5。

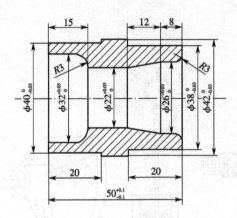

图 3-2-1　带内锥与内圆弧的套类零件

2.确定工件的装夹方案

此零件需经两次装夹才能完成加工,第一次夹左端车右端,完成通孔,$\phi38$、$\phi42$ 的外圆,$\phi26$、$\phi22$ 的内孔,$R3$ 的圆弧与内锥的加工;第二次以 $\phi38$ 的精车外圆为定位基准,先进行 $\phi40$ 外圆的加工,然后进行 $\phi32$ 的内孔与 $R5$ 的圆弧的加工。

3.确定加工路线

(1)平端面,钻 $\phi20$ 的孔。

(2)粗、精车 $\phi38$、$\phi42$ 的外圆。

(3)粗、精车 $\phi22$、$\phi26$ 内孔,完成 $R3$ 的圆弧与内锥的加工。

(4)工件调头,夹 $\phi38$ 已加工表面。

(5)粗、精车 $\phi40$ 外圆。

(6)粗、精车 $\phi32$ 内孔,完成 $R5$ 的圆弧的加工。

4.填写加工工艺卡

加工工艺卡见表 3-2-1。

表 3-2-1　加工工艺卡

零件图号		数控车床加工工艺卡		机床型号	CAK6150
零件名称	套类零件			机床编号	
刀具表				量具表	
刀具号	刀补号	刀具名称	刀具参数	量具名称	规格
T01	01	93°外圆车刀	D 型刀片	游标卡尺	0～150/0.02
				千分尺	25～50/0.01
T02	02	91°镗孔车刀	T 型刀片	内径百分表	18～35/0.01
		$\phi20$ 钻头		游标卡尺	0～150/0.02
工序		工艺内容		切削用量			加工性质
			S/(r/min)	F/(mm/r)	α_p/mm	

数控车	车外圆、端面确定基准	500		2	手动
	钻孔	300			手动
	加工 $\phi38$、$\phi42$ 的外圆	800～1 000	0.1～0.2	0.5～3	自动
	加工 $\phi26$、$\phi22$ 的内孔，$R5$ 的圆弧与内锥	600～800	0.05～0.1	0.5～2	自动
数控车	调头夹 $\phi38$ 的外圆				手动
	加工 $\phi40$ 的外圆	800～1 000	0.1～0.2	0.5～3	自动
	加工 $\phi32$ 内孔，$R5$ 的圆弧	600～800	0.05～0.1	0.5～2	自动

5.编写加工程序

加工程序见表 3-2-2 和表 3-2-3。

表 3-2-2　加工零件右端的程序

程序内容	程序说明
O3003；	程序号
G97 G99 M03 S600 T0101；	选 1 号刀，主轴正转，600 r/min
M08；	冷却液开
G00 X45.0 Z2.0；	快速运动到循环点
G71 U1.5 R0.5；	粗加工 $\phi38$、$\phi42$ 的外圆
G71 P10 Q20 U0.5 W0.05 F0.15；	
N10 G00 X20.0　S1000；	循环加工起始段
G01 Z0　F0.1；	
X37.0；	
X38.0 Z−0.5；	
Z−20.0；	
X42.0；	
Z−32.0；	
N20 G00 X46.0；	循环加工终点段
G70 P10 Q20；	精加工
G00 X100.0 Z100.0；	快速运动到安全点
M00；	
G97 G99 M03 S600 T0202；	选 2 号刀，主轴正转，600 r/min
M08；	冷却液开
G00 X19.0 Z2.0；	快速运动到循环点
G71 U1.0 R0.5；	粗加工 $\phi26$、$\phi22$ 的内孔
G71 P30 Q40 U−0.5 W0.05 F0.15；	
N30 G00 X32.0 S1000；	循环加工起始段，刀具右补偿
G01 Z0 F0.1；	
G02 X26.0 Z−3.0 R3.0；	
G01 Z−8.0；	
X22.0 Z−20.0；	
Z−36.0；	
N40 G00 X19.0；	循环加工终点段，取消刀具补偿
G00 Z100.0；	快速运动到安全点
X100.0；	
M09；	冷却液关
M00；	程序暂停

续表

程序内容	程序说明
G97 G99 M03 S800 T0202；	选 2 号刀，主轴正转，800 r/min
M08；	冷却液开
G00 X20.0 Z2.0；	快速运动到循环点
G70 P30 Q40；	精加工 ϕ26、ϕ22 的内孔
G00 Z100.0；	快速运动到安全点
X100.0；	
M09；	冷却液关
M30；	程序结束

表 3-3-2　加工零件左端的程序

程序内容	程序说明
O3004；	程序号（华中系统为文件名称）
G97 G99 M03 S600 T0101；	选 1 号刀，主轴正转，600 r/min
M08；	冷却液开
G00 X45.0 Z2.0；	快速运动到循环点
G71 U1.5 R0.5；	粗加工 ϕ40 的外圆
G71 P10 Q20 U0.5 W0.05 F0.15；	
N10 G00 X20.0　S1000；	循环加工起始段
G01 Z0　F0.1；	
X39.0；	
X40.0 Z−0.5；	
Z−20.0；	
N20 G00 X45.0；	循环加工终点段
G70 P10 Q20；	精加工
G00 X100.0 Z100.0；	快速运动到安全点
M00；	
G97 G99 M03 S600 T0202；	选 2 号刀，主轴正转，600 r/min
M08；	冷却液开
G00 X20.0 Z2.0；	快速运动到循环点
G71 U1.0 R0.5；	粗加工 ϕ32 的内孔
G71 P30 Q40 U−0.5 W0.05 F0.15；	
N30 G00 X32.0 S1000；	循环加工起始段，刀具右补偿
G01 Z−10.0 F0.1；	
G03 X22.0 Z−15.0 R5.0；	
N40 G00 X19.0；	循环加工终点段
G00 Z100.0；	快速运动到安全点
X100.0；	
M09；	冷却液关
M00；	程序暂停
G97 G99 M03 S800 T0202；	选 2 号刀，主轴正转，800 r/min
M08；	冷却液开
G00 X19.0 Z2.0；	快速运动到循环点
G70 P30 Q40；	精加工 ϕ32 的内孔
G00 Z100.0；	快速运动到安全点
X100.0；	
M09；	冷却液关
M30；	程序结束

6.操作注意事项

(1)注意加工内孔圆弧时顺、逆圆弧的判定,正确使用 G02 与 G03 指令,在自动加工前要进行图形模拟。

(2)使用 G90 指令进行内锥加工时,要保证锥度、循环起点等数值的计算正确。

(3)本实训中内孔尺寸较小,不要使车刀的背面与工件发生干涉。

实训 3   内槽的加工方法

一、实训目的及要求

(1)了解常见内槽的种类与用途。

(2)掌握内沟槽的编程与加工方法。

二、实训器材

数控车床、93°外圆车刀、中心钻、麻花钻、镗孔刀、切断刀、内沟槽刀、内径百分表等。

三、实训内容

1.图样分析

图 3-3-1 所示为一个内槽零件,毛坯尺寸为 $\phi50\times55$,外圆三个台阶尺寸分别为 $\phi42$、$\phi36$、$\phi40$,内孔三个台阶尺寸分别为 $\phi24$、$\phi22$、$\phi24$,包含 4 mm×2 mm、10 mm×3 mm 的两个内沟槽。技术要求:锐角倒钝 C0.5。

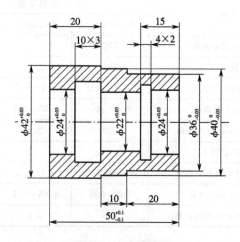

图 3-3-1   内槽零件

2.确定工件的装夹方案

此零件需经两次装夹才能完成加工,第一次夹左端车右端,完成通孔、$\phi36$、$\phi40$ 的外圆、$\phi22$、$\phi24$ 的内孔以及 4 mm×2 mm 的内沟槽的加工;第二次以 $\phi36$ 的精车外圆为定位基准,先进行 $\phi42$ 的外圆的加工,然后进行左端 $\phi24$ 的内孔与 10 mm×3 mm 的内槽的加工。

3.确定加工路线

(1)平端面,钻 $\phi20$ 的孔。

(2)粗、精车 $\phi36$、$\phi40$ 的外圆。

(3)粗、精车 $\phi22$、$\phi24$ 内孔。

(4)加工 4 mm×2 mm 的内沟槽。

(5)工件调头,夹 $\phi36$ 的外圆。

(6)粗、精车 $\phi42$ 外圆。

(7)粗、精车左端 $\phi24$ 内孔。

(8)加工 10 mm×3 mm 的内槽。

4.填写加工工艺卡

加工工艺卡见表 3-3-1。

表 3-3-1　加工工艺卡

零件图号		数控车床加工工艺卡		机床型号	CAK6150
零件名称	内槽零件			机床编号	
刀具表				量具表	
刀具号	刀补号	刀具名称	刀具参数	量具名称	规格
T01	01	93°外圆精车刀	D 型刀片	游标卡尺	0~150/0.02
				千分尺	25~50/0.01
T02	02	91°镗孔车刀	T 型刀片	千分尺	18~35/0.01
T03	03	内切槽刀	刀宽 4 mm		
		$\phi20$ 钻头		游标卡尺	0~150/0.02

工序	工艺内容	切削用量			加工性质
		S/(r/min)	F/(mm/r)	α_p/mm	
数控车	车外圆、端面确定基准	500		1	手动
	钻孔	300			手动
	加工 $\phi36$、$\phi40$ 的外圆	800~1 000	0.1~0.2	0.5~3	自动
	加工 $\phi22$、$\phi24$ 的内孔	600~800	0.05~0.1	0.5~2	自动
	加工 4 mm×2 mm 的内沟槽	300	0.1	4	自动
数控车	调头夹 $\phi38$ 的外圆				手动
	加工 $\phi42$ 的外圆	800~1 000	0.1~0.2	0.5~3	自动
	加工左端 $\phi24$ mm 内孔	600~800	0.05~0.1	0.5~2	自动
	加工 10 mm×3 mm 的内沟槽	300	0.1	4	自动

5.编写加工程序

加工程序见表 3-3-2 和表 3-3-3。

表 3-3-2 加工零件右端的程序

程序内容	程序说明
O3005；	程序号
G97 G99 M03 S600 T0101；	选 1 号刀，主轴正转，600 r/min
M08；	冷却液开
G00 X45.0 Z2.0；	快速运动到循环点
G71 U1.5 R0.5；	粗加工 $\phi42$ 的外圆
G71 P10 Q20 U0.5 W0.05 F0.15；	
N10 G00 X20.0 S1000；	循环加工起始段
G01 Z0 F0.1；	
X37.0；	
X38.0 Z−0.5；	
Z−20.0；	
X40.0；	
Z−30.0；	
N20 G00 X46.0；	循环加工终点段
G70 P10 Q20；	精加工
G00 X100.0 Z100.0；	快速运动到安全点
M00；	
G97 G99 M03 S600 T0202；	选 2 号刀，主轴正转，600 r/min
M08；	冷却液开
G00 X20.0 Z2.0；	快速运动到循环点
G71 U1.0 R0.5；	粗加工 $\phi22$、$\phi24$ 的内孔
G71 P30 Q40 U−0.5 W0.05 F0.15；	
N30 G00 X24.0 S1000；	循环加工起始段，刀具右补偿
G01 Z−15.0 F0.1；	
X22.0；	
Z−32.0；	
N40 G00 X19.0；	循环加工终点段
G70 P30 Q40；	精加工 $\phi24$ 的内孔
G00 Z100.0；	快速运动到安全点
X100.0；	
M00；	
G99 M03 S300 T0303；	选 3 号刀，主轴正转，300 r/min
G00 X20.0 Z2.0；	快速运动到安全点
Z−15.0；	
M08；	冷却液开
G01 X28.0；	加工 4 mm×2 mm 的内沟槽
X20.0；	退刀
G00 Z100.0；	快速运动到安全点
X100.0；	
M09；	冷却液关
M05；	主轴停转
M30；	程序结束，返回程序头

表 3-3-3 加工零件左端的程序

程序内容	程序说明
O3006；	程序号（华中系统为文件名称）

续表

程序内容	程序说明
G97 G99 M03 S600 T0101;	选 1 号刀,主轴正转,600 r/min
M08;	冷却液开
G00 X45.0 Z2.0;	快速运动到循环点
G71 U1.5 R0.5;	粗加工 $\phi42$ 的外圆
G71 P10 Q20 U0.5 W0.05 F0.15;	
N10 G00 X20.0 S1000;	循环加工起始段
G01 Z0 F0.1;	
X41.0;	
X42.0 Z−0.5;	
Z−22.0;	
N20 G00 X46.0;	循环加工终点段
G70 P10 Q20;	精加工
G00 X100.0 Z100.0;	快速运动到安全点
M00;	
G97 G99 M03 S600 T0202;	选 2 号刀,主轴正转,600 r/min
M08;	冷却液开
G00 X20.0 Z2.0;	快速运动到循环点
G71 U1.0 R0.5;	粗加工 $\phi24$ 的内孔
G71 P30 Q40 U−0.5 W0.05 F0.15;	
N30 G00 X24.0 S1000;	循环加工起始段,刀具右补偿
G01 Z−20.0 F0.1;	
N40 G00 X20.0;	循环加工终点段,
G70 P30 Q40;	精加工 $\phi24$ 的内孔
G00 Z100.0;	快速运动到安全点
X100.0;	
M00;	
G99 M03 S300 T0303;	选 3 号刀,主轴正转,300 r/min
M08;	冷却液开
G00 X20.0 Z2.0;	快速运动到安全点
Z−20.0;	
G01 X30.0;	加工 10mm×3mm 内沟槽
X22.0;	
G00 W4.0;	
G01 X30.0;	
X22.0;	
G00 W2.0;	
G01 X30.0;	
Z−20.0;	
X22.0;	退刀
G00 Z100.0;	快速运动到安全点
X100.0;	
M09;	冷却液关
M05;	主轴停转
M30;	程序结束

6.操作注意事项

(1)进行内槽加工时切削力较大,要时刻注意排屑以及冷却液的浇注情况,一旦出现异常要及时解决。

（2）在加工内槽时要注意进刀与退刀的走刀路径，进刀时要先移动到孔口再沿 Z 向进入内孔，退刀时要先沿 Z 向退出内孔再沿 X 向退刀，避免发生撞刀事故。

实训 4　内螺纹的加工方法

一、实训目的及要求

（1）掌握内螺纹各部尺寸的计算方法。
（2）掌握内螺纹的编程与加工方法。

二、实训器材

数控车床、93°外圆车刀、中心钻、麻花钻、镗孔刀、内螺纹刀、切断刀、内径百分表等。

三、实训内容

1.图样分析

图 3-4-1 所示为一个内螺纹零件，毛坯尺寸为 $\phi50\times55$，外圆三个台阶尺寸分别为 $\phi42$、$\phi40$、$\phi36$，内孔台阶尺寸为 $\phi22$，内螺纹为 M24×1.5，退刀槽尺寸为 4 mm×2 mm。技术要求：锐角倒钝 C0.5。

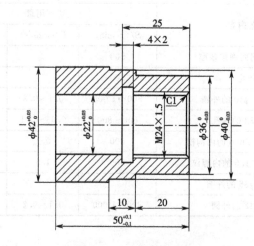

图 3-4-1　内螺纹零件

2.确定工件的装夹方案

此零件需经两次装夹才能完成加工，第一次夹左端车右端，完成通孔，$\phi36$、$\phi40$ 的外圆，$\phi22$ 的内孔，4 mm×2 mm 的内沟槽及 M24×1.5 的内螺纹的加工；第二次以 $\phi36$ 的精车外圆为定位基准，进行 $\phi42$ 的外圆的加工。

3.确定加工路线

（1）平端面，钻 $\phi20$ 的孔。

(2)粗、精车 $\phi36$、$\phi40$ 的外圆。

(3)粗、精车 $\phi22$ 的内孔。

(4)加工 4 mm×2 mm 内沟槽。

(5)加工 M24×1.5 的内螺纹。

(6)工件调头,夹 $\phi36$ 的外圆。

(7)粗、精车 $\phi42$ 的外圆。

4.填写加工工艺卡

加工工艺卡见表 3-4-1。

表 3-4-1　加工工艺卡

零件图号		数控车床加工工艺卡		机床型号	CAK6150
零件名称	内螺纹零件			机床编号	
刀具表				量具表	
刀具号	刀补号	刀具名称	刀具参数	量具名称	规格
T01	01	93°外圆精车刀	D 型刀片	游标卡尺	150~175/0.01
				千分尺	50~75/0.01
T02	02	91°镗孔车刀	T 型刀片	千分尺	0.01
T03	03	内切槽刀	刀宽 4 mm		
T04	04	内螺纹刀		塞规	M24×1.5
		$\phi20$ 钻头		游标卡尺	0~150/0.02

工序	工艺内容	切削用量			加工性质
		$S/(r/min)$	$F/(mm/r)$	α_p/mm	
数控车	车外圆、端面确定基准	500		1	手动
	钻孔	300			手动
	加工 $\phi36$、$\phi40$ 的外圆	800~1 000	0.1~0.2	0.5~3	自动
	加工 $\phi22$ 的内孔	600~800	0.05~0.1	0.5~2	自动
	加工 4 mm×2mm 的内沟槽	300	0.1	4	自动
	加工 M24×1.5 的内螺纹	300	1.5	0.05—0.4	自动
数控车	调头夹 $\phi36$ 的外圆				手动
	加工 $\phi42$ 的外圆	800~1 000	0.1~0.2	0.5~3	自动

5.编写加工程序

加工程序见表 3-4-2。

表 3-4-2　加工零件右端的程序

程序内容	程序说明
O3007;	程序号(华中系统为文件名称)
G97 G99 M03 S600 T0101;	选 1 号刀,主轴正转,600 r/min
M08;	冷却液开
G00 X45.0 Z2.0;	快速运动到循环点

程序内容	程序说明
G71 U1.5 R0.5;	粗加工 $\phi36$、$\phi40$ 的外圆
G71 P10 Q20 U0.5 W0.05 F0.15;	
N10 G00 X20.0 S1000;	循环加工起始段
G01 Z0 F0.1;	
X35.0;	
X36.0 Z−0.5;	
Z−20.0;	
X40.0;	
Z−30.0;	
N20 G00 X46.0;	循环加工终点段
G70 P10 Q20;	精加工
G00 X100.0 Z100.0;	快速运动到安全点
M00;	
G97 G99 M03 S600 T0202;	选 2 号刀,主轴正转,600 r/min
M08;	冷却液开
G00 X20.0 Z2.0;	快速运动到循环点
G71 U1.0 R0.5;	粗加工 $\phi22$、$\phi24$ 的内孔
G71 P30 Q40 U−0.5 W0.05 F0.15;	
N30 G00 X23.8 S1000;	循环加工起始段,刀具右补偿
G01 Z0 F0.1;	
X21.8 Z−1.0;	
Z−25.0;	
X22.0;	
Z−51.0;	
N40 G00 X19.0;	循环加工终点段
G70 P30 Q40;	精加工 $\phi22$、$\phi24$ 的内孔
G00 Z100.0;	快速运动到安全点
X100.0;	
M00;	
G99 M03 S300 T0303;	选 3 号刀,主轴正转,300 r/min
G00 X20.0 Z2.0;	快速运动到安全点
Z−25.0;	
M08;	冷却液开
G01 X28.0;	加工 4mm×2mm 的内沟槽
X20.0;	退刀
G00 Z100.0;	快速运动到安全点
X100.0;	
M09;	冷却液关
M05;	主轴停转
G97 G99 M03 S300 T0404;	选 4 号刀,主轴正转,300 r/min
G00 X24.0 Z5.0;	快速运动到循环点
M08;	冷却液开
G92 X22.8 Z−22.5 F1.5;	螺纹加工循环开始
X23.2;	
X23.6;	
X23.9;	
X23.95;	
X24.0;	

续表

程序内容	程序说明
X24.0； G00 X100.0 Z100.0； M30；	快速移动到安全点 程序结束

6. 检验方法

内螺纹的检验方法有两种：综合检验和单项检验。通常进行综合检验，综合检验就是用塞规对影响螺纹互换性的几何参数偏差的综合结果进行检验。内螺纹塞规如图 3-4-2 所示。

图 3-4-2　内螺纹塞规

内螺纹塞规分为通端与止端，如果被测内螺纹能够与通端旋合通过，且与止端不完全旋合通过（螺纹止规只允许与被测螺纹两段旋合，旋合量不得超过两个螺距），就表明被测内螺纹的中径没有超过其最大实体牙型的中径，且单一中径没有超过其最小实体牙型的中径，可以保证旋合性和连接强度，被测螺纹中径合格，否则不合格。

7. 操作注意事项

（1）加工内螺纹时应注意起刀点不能与工件的端面距离过近，以免左侧刀体与工件发生碰撞。

（2）加工内螺纹时每刀切削量要逐刀减小，此点与外螺纹类似，但是由于内螺纹车刀刀体较细，伸出长度较长，因此切削量不宜过大。

（3）选择内螺纹车刀时要注意刀体直径，不要使车刀与工件发生干涉。

实训 5　综合套类零件加工

一、实训目的及要求

进一步掌握套类零件的加工方法。

二、实训器材

数控车床、93°外圆车刀、中心钻、麻花钻、镗孔刀、内沟槽刀、内螺纹刀、切断刀、内径百分表等。

三、实训内容

1.图样分析

图 3-5-1 所示为一个综合套类零件,毛坯尺寸为 $\phi50\times55$,外圆三个台阶尺寸分别为 $\phi42$、$\phi36$、$\phi40$,内孔两个台阶尺寸分别为 $\phi22$、$\phi25$,包含 M24×1.5 的内螺纹,4 mm×2 mm 的退刀槽,R3、R5 的圆弧以及内锥。技术要求:锐角倒钝 C0.5。

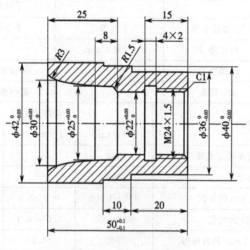

图 3-5-1　综合套类零件

2.确定工件的装夹方案

此零件需经两次装夹才能完成加工,第一次夹左端车右端,完成通孔,$\phi36$、$\phi40$ 的外圆,$\phi22$ 的内孔,4 mm×2 mm 的内沟槽及 M24×1.5 的内螺纹的加工;第二次以 $\phi36$ 的精车外圆为定位基准,先进行 $\phi42$ 的外圆的加工,然后进行 R3、R5 圆弧,内锥及 $\phi25$ 的内孔的加工。

3.确定加工路线

(1)平端面,钻 $\phi20$ 的孔。

(2)粗、精车 $\phi36$、$\phi40$ 的外圆。

(3)粗、精车 $\phi22$ 的内孔。

(4)加工 4 mm×2 mm 的内沟槽。

(5)加工 M24×1.5 的内螺纹。

(6)工件调头,夹 $\phi36$ 的外圆。

(7)粗、精车 $\phi42$ 外圆。

(8)粗、精车 $\phi25$ 内孔,完成 R3、R5 的圆弧及内锥的加工。

4.填写加工工艺卡

加工工艺卡如表 3-5-1。

表 3-5-1　加工工艺卡

零件图号		数控车床加工工艺卡		机床型号	CAK6150
零件名称	综合套类零件			机床编号	
刀具表				量具表	
刀具号	刀补号	刀具名称	刀具参数	量具名称	规格
T01	01	93°外圆精车刀	D 型刀片	游标卡尺	150～175/0.01
				千分尺	50～75/0.01
T02	02	91°镗孔车刀	T 型刀片	千分尺	0.01
T03	03	内切槽刀	刀宽 4 mm		
T04	04	内螺纹刀		塞规	M24×1.5
		φ20 钻头		游标卡尺	0～150/0.02

工序	工艺内容	切削用量			加工性质
		S/(r/min)	F/(mm/r)	α_p/mm	
数控车	车外圆、端面确定基准	500		1	手动
	钻孔	300			手动
	加工 φ36、φ40 的外圆	800～1 000	0.1～0.2	0.5～3	自动
	加工 φ22 的内孔	600～800	0.05～0.1	0.5～2	自动
	加工 4 mm×2 mm 的内沟槽	300	0.1	4	自动
	加工 M24×1.5 的内螺纹	300	1.5	0.05～0.4	自动
数控车	调头夹 φ36 的外圆				手动
	加工 φ42 的外圆	800～1 000	0.1～0.2	0.5～3	自动
	加工 φ25 的内孔，R3、R5 的圆弧，内锥	600～800	0.05～0.1	0.5～2	自动

5.编写加工程序

加工程序见表 3-5-2 和表 3-5-3。

表 3-5-2　加工零件右端的程序

程序内容	程序说明
O3008；	程序号
G97 G99 M03 S600 T0101；	选 1 号刀，主轴正转，600 r/min
M08；	冷却液开
G00 X45.0 Z2.0；	快速运动到循环点
G71 U1.5 R0.5；	粗加工 φ36、φ40 的外圆
G71 P10 Q20 U0.5 W0.05 F0.15；	
N10 G00 X20.0　S1000；	循环加工起始段
G01 Z0　F0.1；	
X37.0；	
X38.0 Z-0.5；	
Z-20.0；	
X40.0；	
Z-10.0；	
N20 G00 X46.0；	循环加工终点段

程序内容	程序说明
G70 P10 Q20;	精加工
G00 X100.0 Z100.0;	快速运动到安全点
M00;	
G97 G99 M03 S600 T0202;	选 2 号刀,主轴正转,600 r/min
M08;	冷却液开
G00 X20.0 Z2.0;	快速运动到循环点
G71 U1.0 R0.5;	粗加工 $\phi22$、$\phi24$ 的内孔
G71 P30 Q40 U−0.5 W0.05 F0.15;	
N30 G00 X23.8 S1000;	循环加工起始段,刀具右补偿
G01 Z0　F0.1;	
X21.8 Z−1.0;	
Z−15.0;	
X22.0;	
Z−30.0;	
N40 G00 X19.0;	循环加工终点段
G70 P30 Q40;	精加工 $\phi22$、$\phi24$ 的内孔
G00 Z100.0;	快速运动到安全点
X100.0;	
M00;	
G99 M03 S300 T0303;	选 3 号刀,主轴正转,300 r/min
G00 X20.0 Z2.0;	快速运动到安全点
Z−15.0;	
M08;	冷却液开
G01 X28.0;	加工 4 mm×2 mm 的内沟槽
X20.0;	退刀
G00 Z100.0;	快速运动到安全点
X100.0;	
M09;	冷却液关
M05;	主轴停转
G97 G99 M03 S300 T0404;	选 4 号刀,主轴正转,300 r/min
G00 X24.0 Z5.0;	快速运动到循环点
M08;	冷却液开
G92 X22.8 Z−12.5 F1.5;	螺纹加工循环开始
X23.2;	
X23.6;	
X23.9;	
X23.95;	
X24.0;	
X24.0;	
G00 X100.0 Z100.0;	快速运动到安全点
M30;	程序结束

表 3-5-3　加工零件左端的程序

程序内容	程序说明
O3009;	程序号
G97 G99 M03 S600 T0101;	选 1 号刀,主轴正转,600 r/min
M08;	冷却液开

续表

程序内容	程序说明
G00 X45.0 Z2.0;	快速运动到循环点
G71 U1.5 R0.5;	粗加工 $\phi38$、$\phi42$ 的外圆
G71 P10 Q20 U0.5 W0.05 F0.15;	
N10 G00 X20.0　S1000;	循环加工起始段
G01 Z0　F0.1;	
X41.0;	
X42.0 Z−0.5;	
Z−22.0;	
N20 G00 X46.0;	循环加工终点段
G70 P10 Q20;	精加工
G00 X100.0 Z100.0;	快速运动到安全点
M00;	
G97 G99 M03 S600 T0202;	选 2 号刀,主轴正转,600 r/min
M08;	冷却液开
G00 X19.0 Z2.0;	快速运动到循环点
G71 U1.0 R0.5;	粗加工 $\phi25$ 的内孔
G71 P30 Q40 U−0.5 W0.05 F0.15;	
N30 G00 X24.0 S1000;	循环加工起始段,刀具右补偿
G01 Z0 F0.1;	
G02 X30.0 Z−3.0 R3.0;	
G01 X25.0 Z−17.0;	
Z−23.5;	
G03 X22.0 Z−25.0 R1.5;	
N40 G00 X19.0;	循环加工终点段,取消刀具补偿
G00 Z100.0;	快速运动到安全点
X100.0;	
M09;	冷却液关
M00;	程序暂停
G97 G99 M03 S800 T0202;	选 2 号刀,主轴正转,800 r/min
M08;	冷却液开
G00 X19.0 Z2.0;	快速运动到循环点
G70 P30 Q40;	精加工 $\phi25$ 的内孔
G00 Z100.0;	快速运动到安全点
X100.0;	
M09;	冷却液关
M30;	程序结束

项目四　综合实例

实训 1　初级技能加工实例

一、实训目的及要求

(1) 能正确编制零件的加工工艺。

(2) 能够对简单轴类零件进行数控车削工艺分析。

(3) 掌握一种常用的对刀方法,完成一把刀的正确对刀。

(4) 操作 FANUC—0i 系统完成零件的加工。

(5) 掌握简单零件的数控编程。

二、实训器材

数控车床、90°外圆车刀、切断刀、量具等。

三、实训内容

加工如图 4-1-1 所示的零件,编写加工程序,熟练掌握常用的刀具,使加工符合精度和公差要求。毛坯尺寸为 $\phi35\times90$,材料为 45 号钢。

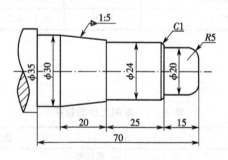

图 4-1-1　实心轴零件

1. 图样分析

该零件外形较简单,需要加工端面、台阶外圆并切断。毛坯直径为 $\phi50$,对 $\phi30$ 外圆的直径和长度有一定的精度要求。工艺处理与普通车床加工工艺相似。

2. 确定工件的装夹方案

工件是一个直径为 $\phi50$ 的实心轴,且有足够的夹持长度和加工余量,便于装夹。采用三爪自定心卡盘夹紧,能自动定心,装夹后一般不需找正。以毛坯表面为定位基准面,装夹时注意跳动不能太大。工件伸出卡盘 55～65 mm,能保证 42 mm 的车削长度,同时便于切断刀进行切断加工。

3.建立工件坐标系

该零件单件生产,端面为设计基准,也是长度方向的测量基准,选用 93°硬质合金外圆车刀进行粗、精加工,刀具号为 T0101,工件坐标原点在工件右端面。加工前刀架从任意位置回参考点,进行换刀动作(确保 1 号刀在当前刀位),建立 1 号刀工件坐标系。

4.填写加工工艺卡

加工工艺卡见表 4-1-1。

表 4-1-1　加工工艺卡

零件图号		数控车床加工工艺卡		机床型号	CAK6150
零件名称	实心轴			机床编号	
刀具表				量具表	
刀具号	刀补号	刀具名称	刀具参数	量具名称	规格
T01	01	93°外圆端面车刀	C 型刀片	游标卡尺	0～150/0.02
					25～50/0.01
				千分尺	50～75/0.01
T02	02	93°外圆精车刀	D 型刀片	游标卡尺	0～150/0.02
					25～50/0.01
				千分尺	50～75/0.01
工序	工艺内容		切削用量		加工性质
		$S/(r/min)$	$F/(mm/r)$	α_p/mm	
数控车	粗车外圆、端面	800	0.2～0.3	1.5	自动
	粗车圆弧、圆锥	800	0.2～0.3	1.5	自动
	精车	1 000	0.1～0.2	0.5	自动

5.编写加工程序

加工程序见表 4-1-2。

表 4-1-2　车削工件的程序

程序内容	程序说明
O4001;	程序号
G97 G99 M03 S800 T0101;	选 1 号刀,主轴正转,800 r/min
M08;	冷却液开
G00 X35.0 Z2.0;	快速运动到循环点
G71 U1.5 R0.5;	粗加工复合循环
G71 P10 Q20 U0.5 W0.05 F0.15;	
N10 G00 X0 S1000;	
G01 Z0 F0.1;	
G01 X10.0 Z0;	
G03 X20.0 Z—5.0 R5.0;	
G01 Z—15.0;	

续表

程序内容	程序说明
G01 X22.0	
G01 X24.0 W−1.0.;	
Z−40.0;	
X26.0;	
X30.0 Z−60.0;	
Z−70.0;	
N20 G00 X36.0;	返回循环起点
G00 X100. Z100.;	快速运动到安全点
M05;	主轴停
M09;	冷却液关
M00;	程序暂停
G99 M03 S000 T0202;	选2号刀,主轴正转1 000 r/min
M08;	冷却液开
G00 X35.0 Z2.0;	快速运动到循环点
G70 P10 Q20;	精加工复合循环
G00 X100. Z100.;	快速运动到安全点
M05;	主轴停
M09;	冷却液关
M30;	程序结束

6.加工过程

1)装刀过程

刀具安装正确与否直接影响加工过程和加工质量。车刀不能伸出刀架太长,否则会降低刀杆的刚性,容易产生变形和振动,影响粗糙度,一般不超过刀杆厚度的1.5～2倍。四刀位刀架安装时垫片要平整,要减少片数,一般只用2～3片,否则会产生振动。压紧力度要适当,车刀的刀尖要与工件的中心线等高。

2)对刀过程

数控车床的对刀一般采用试切法,用所选的刀具试切零件的外圆和端面,经过测量和计算得到零件端面中心点的坐标值。即通过试切找到所选刀具与坐标系原点的相对位置,把相应的偏置值输入刀具补偿的寄存器中。

3)程序模拟仿真

为了使加工得到安全保证,在加工之前要先对程序进行模拟验证,检查程序的正确性。程序模拟仿真对于初学者来讲是一种非常好的检查程序正确与否的方法。FANUC—0i数控系统具有图形模拟功能,可以通过观察刀具的运动路线检查程序是否符合零件的外形。如果路线有问题可改变程序并进行调整。另外,也可以采用数控车床仿真软件在计算机上进行仿真模拟,也能起到很好的效果。

4)机床操作

将"快速进给"和"进给速率调整"旋钮的倍率调为"零",启动程序,慢慢地调整"快速进给"和"进给速率调整"旋钮,直到刀具切削到工件。这一步的目的是检验车床的各种设置是否正确,如果不正确有可能发生碰撞现象,应迅速停止车床的运动。

当切到工件后,通过调整"进给速率调整"和"主轴转速"旋钮使得切削三要素合理地配合,就可以持续地进行加工了,直到程序运行完毕。

在加工中,要适时地检查刀具的磨损情况,工件的表面加工质量,保证加工过程的正确,避免事故的发生。每运行完一个程序后应检查程序运行的效果,对有明显过切或表面粗糙度达不到要求的,应立即进行必要的调整。

实训 2　中级技能加工实例一

一、实训目的及要求

(1)能正确编制零件的加工工艺。
(2)掌握简单零件的数控编程。
(3)掌握数控车工中级技能。

二、实训器材

数控车床、93°外圆车刀、切槽刀、量具等。

三、实训内容

加工如图 4-2-1 所示的零件,编写加工程序,熟练掌握常用的刀具,使加工符合精度和公差要求。毛坯尺寸为 $\phi32 \times 100$,材料为 45 号钢。

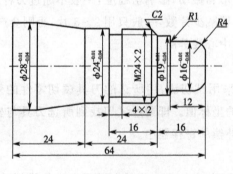

图 4-2-1

1.填写加工工艺卡

加工工艺卡见表 4-2-1。

表 4-2-1　加工工艺卡

零件图号		数控车床加工工艺卡		机床型号	CAK6150
零件名称				机床编号	
刀具表				量具表	
刀具号	刀补号	刀具名称	刀具参数	量具名称	规格

T01	01	93°外圆端面车刀	C 型刀片	游标卡尺 千分尺	0～150/0.02 25～50/0.01 50～70/0.01
T02	02	90°外圆精 车刀	D 型刀片	游标卡尺 千分尺	0～150/0.02 25～50/0.01 50～70/0.01
T03	03	切刀	刀宽 4 mm	游标卡尺	0～150/0.02
T04	04	螺纹刀	螺纹刀片	螺纹环规	M24

工序	工艺内容	切削用量			加工性质
		$S/(\text{r/min})$	$F/(\text{mm/r})$	α_p/mm	
数控车	车外圆、端面	800	0.2～0.3	1.5	自动
	车圆弧、圆锥	800	0.2～0.3	1.5	自动
	切槽、螺纹	800	0.05～0.1	0.5	自动

2. 加工过程

将工件夹于车床卡盘上,加工工艺路线如下。

1)粗加工工艺路线

(1) 粗车外圆各部分,留精车余量。

(2) 粗车 R4 的圆弧,留精车余量。

2)精加工工艺路线

(1)倒 R4 的圆→精车外圆→倒 R1 的圆→精车螺纹外圆→精车 $\phi24$ 的外圆→精车锥面→精车 $\phi28$ 的外圆和端面。

(2)车 4 mm×2 mm 的退刀槽。

(3)车 M24 的螺纹。

3)切断

3. 编写加工程序

加工程序见表 4-2-2。

表 4-2-2 车削工件的程序

程序内容	程序说明
O4002;	程序号
G97 G99 M03 S600 T0101;	选 1 号刀,主轴正转,600 r/min
M08;	冷却液开
G00 X45.0 Z2.0;	快速运动到循环点
G71 U1.5 R0.5;	粗加工
G71 P10 Q20 U0.5 W0.05 F0.15;	
N10 G00 X0 S1000;	循环加工起始段
G01 Z0 F0.1;	
X8.0;	

程序内容	程序说明
G03 X16. 0 Z—4. 0 R4. 0；	
G01 Z—11. 0；	
G02 X18. 0 Z—12. 0 R1. 0；	
G01 X19. 0；	
Z—16. 0；	
X19. 8；	
X23. 8　Z—2. 0；	
Z—32. 0；	
X24. 0；	
Z—40. 0；	
X28. 0 Z—56. 0；	
Z—64. 0；	
N20 G00 X34. 0；	循环加工终点段
G00 X100. 0 Z100. 0；	退刀
M05；	
M09；	
M00；	
G99 M03 S1000 T0202；	选 2 号刀，主轴正转，1 000 r/min
M08；	
G00 X32. 0 Z2. 0；	快速运动到循环点
G70 P10 Q20；	精加工
G00 X100. 0 Z100. 0；	退刀
M05；	
M09；	
M00；	
G97 G99 M03 S400 T0303；	选 3 号刀，主轴正转，400 r/min
M08；	冷却液开
G00 X32. 0 Z2. 0；	快速运动到安全点
Z—32. 0；	
G01 X20. 0 F0. 08；	加工 4 mm×2 mm 内沟槽
G00 Z100. 0；	退刀
X100. 0；	快速运动到安全点
M09；	冷却液关
M05；	主轴停转
G97 G99 M03 S300 T0404；	选 4 号刀，主轴正转，300 r/min
G00 X24. 0 Z—11. 0；	快速运动到循环点
M08；	冷却液开
G92 X23. 1 Z—30 F2；	螺纹加工循环
X22. 5；	
X21. 9；	
X21. 5；	
X21. 4；	
G00 X100. 0 Z100. 0；	快速运动到安全点
M09；	
M05；	
M00；	
G97 G99 M03 S300 T0303；	选 3 号刀，主轴正转，300 r/min
M08；	冷却液开

续表

程序内容	程序说明
G00 X32.0 Z2.0;	快速运动到安全点
Z−68.0;	
G01 X2.0 F0.08;	切断
G00 Z100.0;	退刀
X100.0;	快速运动到安全点
M30;	程序结束

4. 操作注意事项

(1)采用顶尖装夹方式最需注意的是刀具和刀架与尾座顶尖之间的距离。刀具伸出长度要适当,要确认刀尖到达 $\phi28$ 时刀架不与尾座碰撞。

(2)刀头宽度及起刀点的 Z 向距离要适当。

(3)换刀点只能在工件正上方适当的安全位置,不能 G28 回参考点指令,以免发生碰撞。

实训3　中级技能加工实例二

一、实训目的及要求

(1)对典型零件进行综合分析。

(2)掌握数控车工高级技能;

二、实训器材

数控车床、93°外圆车刀、切槽刀、中心钻、麻花钻、镗孔刀、螺纹刀、量具等。

三、实训内容

加工如图 4-3-1 所示的零件,编写加工程序,熟练掌握常用的刀具,使加工符合精度和公差要求。毛坯尺寸为 $\phi50\times125$,材料为 45 号钢。

1. 加工工艺

(1)车外圆、端面确定基准。

用 $\phi18$ 的钻头钻孔,加工 $\phi48$ 的外圆,加工 $\phi24$ 的内孔。

加工 M30×2 的螺纹精车右端面→精车螺纹外圆→精车 $\phi26$ 的外圆→精车锥面→精车 $\phi36$ 的外圆→精车 $R25$ 的圆弧→精车 $R50$ 的圆弧→精车 $R15$ 的圆弧→精车 $\phi34$ 的外圆→精车锥面→精车 $\phi56$ 的外圆。

(2)调头夹 $\phi48$ 的外圆,加工 $\phi29.8$、$\phi44$ 的外圆,加工 $\phi42$、$R22$、$R13$、$R8$ 的圆弧

(3)车 M30×2 的螺纹。

2. 填写加工工艺卡

加工工艺卡见表 4-3-1。

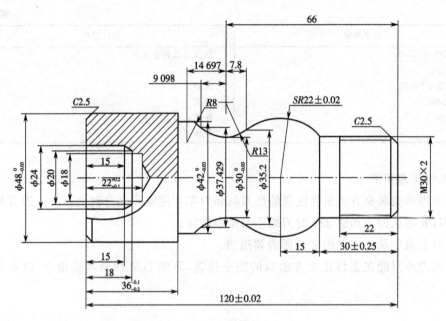

图 4-3-1　中级工技能实训二零件图

表 4-3-1　加工工艺卡

零件图号		数控车床加工工艺卡		机床型号	CAK6150
零件名称				机床编号	
刀具表				量具表	
刀具号	刀补号	刀具名称	刀具参数	量具名称	规格
T01	01	93°外圆端面车刀	C 型刀片	游标卡尺	0～150/0.02
				千分尺	25～50/0.01
					50～70/0.01
T02	02	镗孔车刀	T 型刀片	千分尺	0.01
T03	03	螺纹刀	螺纹刀片	螺纹环规	M24×1.5

工序	工艺内容	切削用量			加工性质
		$S/(\text{r/min})$	$F/(\text{mm/r})$	α_p/mm	
数控车	车外圆、端面	500		1	手动
	钻 $\phi18$ 的孔	300			手动
	加工 $\phi48$ 的外圆	800～1 000	0.1～0.2	0.5～3	自动
	加工 $\phi24$ 的内孔	600～800	0.05～0.1	0.5～2	自动
数控车	调头夹 $\phi48$ 的外圆				手动
	加工 $\phi29.8$、$\phi44$ 的外圆	800～1 000	0.1～0.2	0.5～3	自动
	加工 $\phi42$、$\phi22$、$R13$、$R8$ 的圆弧	600～800	0.05～0.1	0.5～2	自动
	加工 M30×2 的螺纹	400	1.5	0.05～0.4	自动

3. 编写加工程序

加工程序见表 4-3-2 和表 4-3-3。

表 4-3-2 加工零件左端的程序

程序内容	程序说明
O4003；	程序号
G97 G99 M03 S600 T0101；	选 1 号刀，主轴正转，600 r/min
M08；	冷却液开
G00 X50.0 Z2.0；	快速运动到循环点
G71 U1.5 R0.5；	粗加工 $\phi36$、$\phi40$ 的外圆
G71 P10 Q20 U0.5 W0.05 F0.15；	
N10 G00 X18.0 S1000；	循环加工起始段
G01 Z0 F0.1；	
X43.0；	
48.0 Z-2.5；	
Z-38.0；	
N20 G00 56.0；	循环加工终点段
G70 P10 Q20；	精加工
G00 X100.0 Z100.0；	快速运动到安全点
M00；	
G97 G99 M03 S600 T0202；	选 2 号刀，主轴正转，800 r/min
M08；	冷却液开
G00 X18.0 Z2.0；	快速运动到循环点
G71 U1.0 R0.5；	粗加工 $\phi24$ 的内孔
G71 P30 Q40 U-0.5 W0.05 F0.15；	
N30 G00 X24.0 S1000；	循环加工起始段
G01 Z0 F0.1；	
Z-15.0；	
X22.0 Z-2.0；	
X18.0；	
N40 G00 X17.0；	循环加工终点段
G70 P30 Q40；	精加工
G00 Z100.0；	退刀
X100.0；	
M09；	冷却液关
M30；	程序结束

表 4-3-3 加工零件右端的程序

程序内容	程序说明
O4004；	程序号
G97 G99 M03 S800 T0101；	选 1 号刀，主轴正转，800 r/min
M08；	冷却液开
G00 X50.0 Z2.0；	快速运动到循环点
G71 U1.5 R0.5；	粗加工复合循环
G71 P10 Q20 U0.5 W0.05 F0.15；	
N10 G00 X0 S1000；	
G01 Z0 F0.1；	
GO1 X25.8 Z0；	
X29.8 Z-2.0；	

程序内容	程序说明
G01 Z—30.0;	
G01 X44.0;	
Z—86.0;	
N20 G00 X50.0;	快速运动到循环起点
G70 P10 Q20;	精加工复合循环
G00 X100. Z100.;	快速运动到安全点
G00 X50.0 Z—30.0;	快速运动到循环点
G73 U8.0 W0 R6;	粗加工复合循环
G73 P30 Q40 U0.5 W0.05 F0.15;	
N30 G00 X30.0　S1000;	
G03 X35.2 Z—58.2 R22.0 F0.1;	
G02 X39.429 Z—75.098 R13.0;	
G03 X42.0 Z—80.697 R8.0;	
G01 Z—84.0;	
N40 G00 X50.0;	快速运动到循环起点
G70 P30 Q40;	精加工复合循环
G00 X100. Z100.;	快速运动到安全点
M05;	主轴停
M09;	冷却液关
M00;	程序暂停
G97 G99 M03 S400 T0303;	选3号刀,主轴正转,400 r/min
G00 X30.0 Z5.0;	快速运动到循环点
M08;	冷却液开
G92 X29.1 Z—30 F2;	螺纹循环
X28.5;	
X27.9;	
X27.5;	
X27.4;	
G00 X100.0 Z100.0;	快速运动到安全点
M09;	冷却液关
M30;	程序结束

4. 自动加工

5. 零件精度检测

项目五　自动编程

实训　CAXA 数控车自动编程

一、实训目的及要求

(1)根据要加工的零件编写加工工艺。

(2)掌握绘制零件的方法及其要点。

(3)根据编写的加工工艺合理地填写加工参数。

(4)根据数控系统选择机床类型及后处理,以便生成加工代码。

(5)掌握 CAXA 数控车 XP 版自动编程软件的使用。

二、实训器材

CAXA 数控车床编程软件。

三、实训内容

(一)数控车软件的功能

1. 内容

数控车加工一般包括以下几个内容。

(1)对图纸进行分析,确定需要数控加工的部分。

(2)采用图形软件绘制需要数控加工部分的造型。

(3)根据加工条件选择合适的加工参数,生成加工轨迹(包括粗加工、半精加工、精加工轨迹)。

(4)进行轨迹的仿真检验。

(5)配置好机床,生成 G 代码传给机床进行加工。

2. 重要术语

(1)两轴:在 CAXA 数控车加工中机床坐标系的 Z 轴、X 轴。

(2)轮廓:一系列首尾相接曲线的集合。

轮廓被用来界定被加工的表面或被加工的毛坯。其拾取方式有如下几种。

链拾取:自动搜索连接的曲线。

限制链拾取:拾取起始段和最后一段,中间自动连接。

单个拾取:一个一个拾取。

(3)机床参数：主轴转速、接近速度、进给速度和退刀速度。

(4)刀具轨迹和刀位点。

(5)加工余量。

(6)加工误差。

3.刀具管理

用如图 5-1 的方式打开"刀具库管理"对话框，也可以通过菜单调出"刀具库管理"对话框。

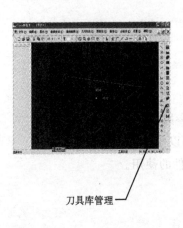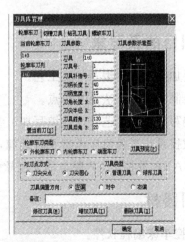

图 5-1　刀具库管理

刀具分为轮廓车刀、切槽刀具、钻孔刀具、螺纹车刀。

(二)操作实例

1.外轮廓粗加工

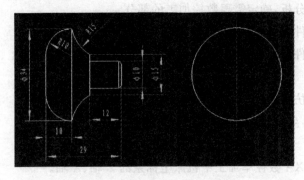

图 5-2　外轮廓加工零件图

(1)加工造型。

图 5-3　加工轮廓

(2)粗加工参数的设置。

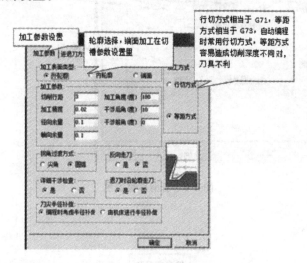

图 5-4　粗加工参数设置

(3)进退刀方式的设置。

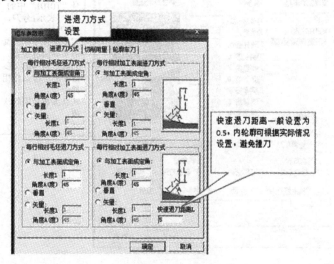

图 5-5　粗车进退刀方式设置

（4）切削用量的设置。

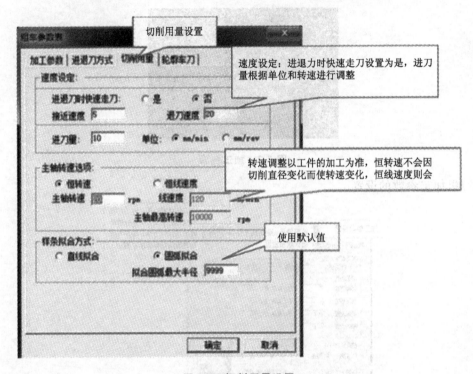

图 5-6　切削用量设置

（5）刀具参数表。

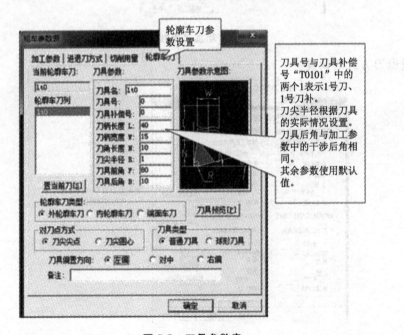

图 5-7　刀具参数表

(6)改变拾取方式。

图 5-8 拾取方式

(7)拾取粗加工轮廓。

图 5-9 粗加工轮廓

(8)拾取毛坯轮廓。

图 5-10 毛坯轮廓

（9）确定进退刀点，生成刀路。

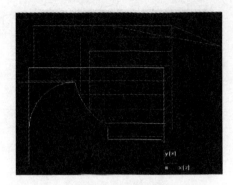

图 5-11　生成刀路

（10）模拟加工。

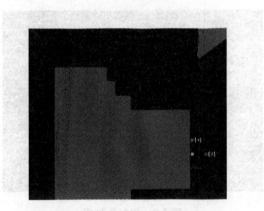

图 5-12　模拟加工

2.外轮廓精加工

（1）精加工参数的设置。

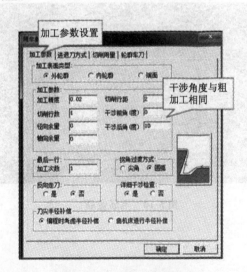

图 5-13　精车参数设置

(2)拾取精加工轮廓。

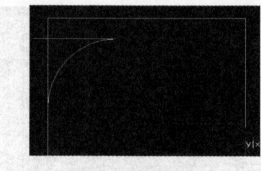

图 5-14　精加工轮廓

(3)确定进退刀点,生成刀路。

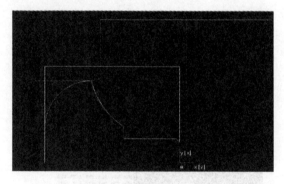

图 5-15　生成刀路

(4)后置处理的设置。

图 5-16　后置处理设置

(5)选择刀路。

图 5-17　刀具路径

(6)生成代码。

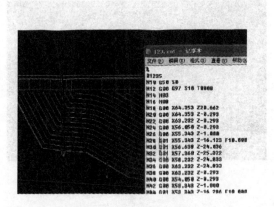

图 5-18　生成 G 代码

3.切槽加工

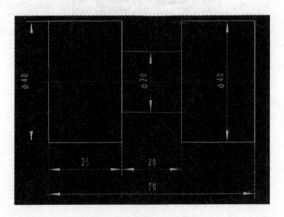

图 5-19　切槽加工零件图

(1)加工造型。

图 5-20 加工轮廓

(2)切槽加工参数的设置。

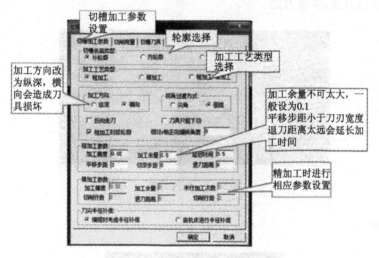

图 5-21 切槽加工参数

(3)切槽刀具的设置。

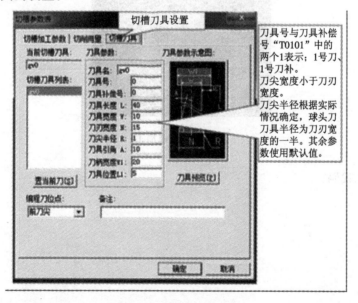

图 5-22 切槽刀具设置

(4)拾取精加工轮廓。

图 5-23　精加工轮廓

(5)确定进退刀点,生成刀路。

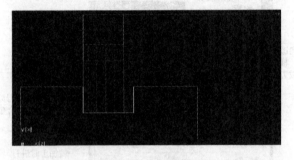

图 5-24　生成刀路

(6)模拟加工。

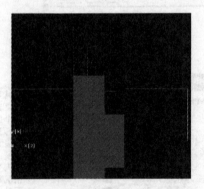

图 5-25　模拟加工

(7)生成 G 代码。

附录1　数控车床编程练习题

1.

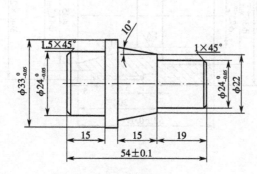

2.

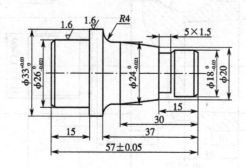

3.

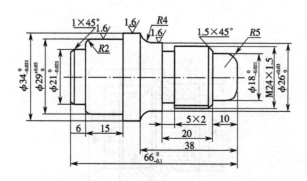

4.

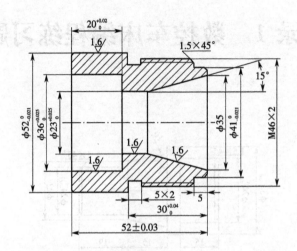

5.

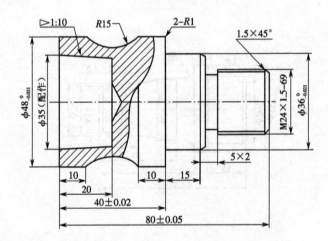

6.

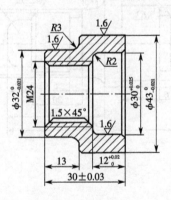

附录 2　数控车床技能取证题

一、数控车床技能练习题一

1. 工作图

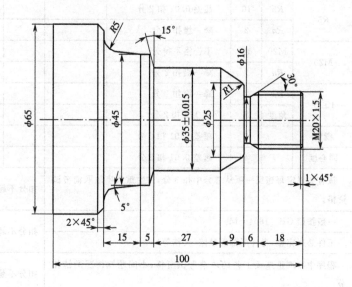

考核要求：

①以小批量生产条件编程；

②不准用砂布及锉刀等修饰表面；

③未注倒角 0.5×45°；

④未注公差尺寸按 GB　1804—M。

2. 评分标准

工种	数控车床	图号	技能练习题一		单位					
准考证号			零件名称	考试件	姓名					
定额时间	150 分钟		考核日期		技术等级		总得分			
序号	考核项目	考核内容及要求		配分	评分标准		检测结果	扣分	得分	备注
1	外圆	$\phi65$	IT	10	超差 0.01 扣 3 分					
2			Ra	2	降一级扣 2 分					
3		$\phi45$	IT	10	超差 0.01 扣 3 分					
4			Ra	2	降一级扣 2 分					
5		$\phi35$	IT	8	超差 0.01 扣 3 分					
6			Ra	2	降一级扣 2 分					

工种	数控车床	图号	技能练习题一		单位					
准考证号			零件名称	考试件	姓名					
定额时间	150分钟		考核日期		技术等级			总得分		
序号	考核项目	考核内容及要求		配分	评分标准	检测结果	扣分	得分	备注	
7	退刀槽	ϕ16	ϕ16	4	超差0.01扣2分					
8			宽	6	超差0.01扣2分					
9	长度	100 mm等		10	超差0.02扣2分					
10	球面	R5	R5	10	超差0.01扣2分					
11			Ra	2	降一级扣2分					
12	螺纹	M20	M20	12	不合格不得分					
13			Ra	2	降一级扣2分					
14	锥度	10°等	Ra	2	降一级扣2分					
15			角度	8	超0.1°扣2分					
16	形位公差	圆度		6	超差0.01扣2分					
17		同心度		4	超差0.01扣2分					
18	文明生产	按有关规定每违反一项从总分中扣3分,发生重大事故取消考试资格。					扣分不超过10分			
19	其他项目	一般按照GB 1804-M。 工件必须完整,考件局部无缺陷(夹伤等)。					扣分不超过10分			
20	程序编写	程序中有严重违反工艺的取消考试资格,小问题视情况酌情扣分。					扣分不超过25分			
21	加工时间	90 min后尚未开始加工则终止考试;150 min后每超过1 min扣1分,180 min时停止考试。								
记录员		监考人			检验员		考评人			

二、数控车床技能练习题二

1.工作图

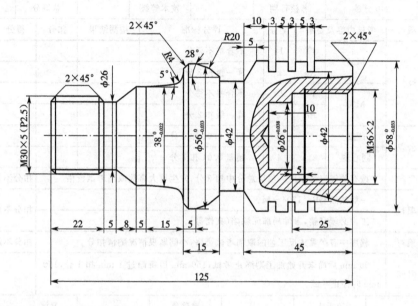

考核要求：

①以小批量生产条件编程；

②不准用砂布及锉刀等修饰表面；

③未注倒角 0.5×45°；

④未注公差尺寸按 GB　1804—M。

2.评分标准

工种	数控车床	图号	技能练习题二		单位				
准考证号			零件名称	考试件	姓名		学历		
定额时间	240 分钟		考核日期		技术等级		总得分		
序号	考核项目	考核内容及要求		配分	评分标准	检测结果	扣分	得分	备注
1		ϕ58	IT	12	超差 0.01 扣 3 分				
2			Ra	2	降一级扣 2 分				
3	外圆	ϕ56	IT	10	超差 0.01 扣 3 分				
4			Ra	2	降一级扣 2 分				
5		ϕ38	IT	12	超差 0.01 扣 3 分				
6			Ra	2	降一级扣 2 分				
7	内孔	ϕ26	IT	12	超差 0.01 扣 2 分				
8	锥体	5°		12	超差 0.1°扣 2 分				

续表

工种	数控车床	图号	技能练习题二		单位				
准考证号			零件名称	考试件	姓名			学历	
定额时间	240分钟		考核日期		技术等级			总得分	
序号	考核项目	考核内容及要求		配分	评分标准	检测结果	扣分	得分	备注
9	螺纹	M36	IT	14	不合格不得分				
			Ra	2	降一级扣2分				
		M30	IT	10	不合格不得分				
			Ra	2	降一级扣2分				
10	形位公差	圆度		4	超差0.01扣2分				
11		同心度		4	超差0.01扣2分				
12	文明生产	按有关规定每违反一项从总分中扣3分,发生重大事故取消考试资格。					扣分不超过10分		
13	其他项目	一般按照GB 1804—M。工件必须完整,考件局部无缺陷(夹伤等)。					扣分不超过10分		
14	程序编写	程序中有严重违反工艺的取消考试资格,小问题视情况酌情扣分。					扣分不超过25分		
15	加工时间	90 min后尚未开始加工则终止考试;150 min后每超过1 min扣1分,180 min时停止考试。							
记录员		监考人			检验员		考评人		

三、数控车床技能练习题三

1. 工作图

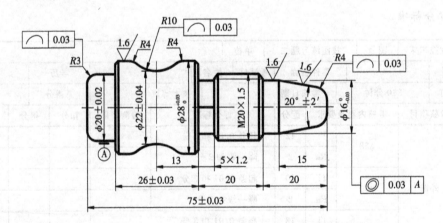

考核要求:

①以小批量生产条件编程;

②不准用砂布及锉刀等修饰表面;

③未注倒角0.5×45°;

④未注公差尺寸按GB 1804—M。

2. 评分标准

工种	数控车床	图号	技能练习题三		单位				

准考证号				零件名称	考试件	姓名		学历	

定额时间	150 分钟		考核日期		技术等级		总得分		

序号	考核项目	考核内容及要求		配分	评分标准	检测结果	扣分	得分	备注
1	外圆及成形面	φ28	IT	6	超差 0.01 扣 2 分				
2			Ra	5	降一级扣 2 分				
3		φ21	IT	6	超差 0.01 扣 2 分				
4			Ra	5	降一级扣 2 分				
5		φ20	IT	6	超差 0.01 扣 2 分				
6			Ra	5	降一级扣 2 分				
7	槽	φ20	IT	5	超差 0.01 扣 2 分				
8			Ra	3	降一级扣 2 分				
9		4×1.5	IT	3	不合格不得分				
10	螺纹	M16	中径	6	超差 0.01 扣 2 分				
11			Ra	5	降一级扣 2 分				
12	圆锥	40°	IT	5	超差 0.1° 扣 2 分				
13			Ra	5	降一级扣 2 分				
14	长度	75 mm	IT	5	超差 0.02 扣 2 分				
15		27 mm	IT	5	超差 0.02 扣 2 分				
16	球面及过渡圆弧	φ28	IT	8	超差 0.02 扣 2 分				
17			Ra	5	不合格不得分				
18		R5	Ra	3	不合格不得分				
19	形位公差	◎ ⌒		6	不合格不得分				
20	倒角	1×45°		3	不合格不得分				
21	文明生产	按有关规定每违反一项从总分中扣 3 分,发生重大事故取消考试资格。				扣分不超过 10 分			
22	其他项目	一般按照 GB 1804—M。工件必须完整,考件局部无缺陷(夹伤等)。				扣分不超过 10 分			
23	程序编写	程序中有严重违反工艺的取消考试资格,小问题视情况酌情扣分。				扣分不超过 25 分			
24	加工时间	90 min 后尚未开始加工则终止考试;150 min 后每超过 1 min 扣 1 分,180 min 时停止考试。							

记录员		监考人		检验员		考评人	

四、数控车床技能练习题四

1. 工作图

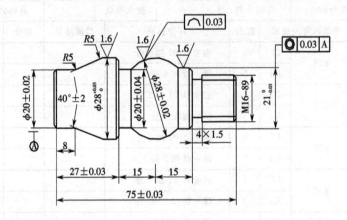

考核要求:

①以小批量生产条件编程;

②不准用砂布及锉刀等修饰表面;

③未注倒角 0.5×45°;

④未注公差尺寸按 GB 1804—M。

2. 评分标准

工种	数控车床	图号	技能练习题四	单位						
准考证号			零件名称	考试件	姓名		学历			
定额时间	150 分钟		考核日期		技术等级		总得分			
序号	考核项目	考核内容及要求		配分	评分标准	检测结果	扣分	得分	备注
1	外圆及成型面	φ28	IT	6	超差 0.01 扣 2 分				
2			Ra	5	降一级扣 2 分				
3		φ20	IT	6	超差 0.01 扣 2 分				
4			Ra	5	降一级扣 2 分				
5		φ16	IT	6	超差 0.01 扣 2 分				
6			Ra	5	降一级扣 2 分				
7	槽	5×1.2	IT	2	超差 0.01 扣 2 分				
8			Ra	2	降一级扣 2 分				
9	螺纹	M20	中径	5	超差 0.01 扣 2 分				
10			Ra	5	降一级扣 2 分				
11	圆锥	20°	IT	3	超差 0.1° 扣 2 分				
12			Ra	4	降一级扣 2 分				

续表

工种	数控车床	图号	技能练习题四	单位					

| 准考证号 | | | 零件名称 | 考试件 | 姓名 | | 学历 | |

| 定额时间 | 150 分钟 | | 考核日期 | | 技术等级 | | 总得分 | |

序号	考核项目	考核内容及要求		配分	评分标准	检测结果	扣分	得分	备注
13	长度	75 mm	IT	5	超差 0.02 扣 2 分				
14		26 mm	IT	5	超差 0.02 扣 2 分				
15		20 mm	IT	3					
16	圆弧及过渡圆弧	$R10$、$R4$ 的过渡圆弧	IT	8	超差 0.02 扣 2 分				
17			Ra	3	不合格不得分				
18		$R4$、$R3$	IT	6					
19			Ra	6	不合格不得分				
20	形位公差	⌒	IT	6	不合格不得分				
21	倒角	4 处		4	不合格不得分				
22	文明生产	按有关规定每违反一项从总分中扣 3 分,发生重大事故取消考试资格。					扣分不超过 10 分		
23	其他项目	一般按照 GB　1804－M。工件必须完整,考件局部无缺陷(夹伤等)。					扣分不超过 10 分		
24	程序编写	程序中有严重违反工艺的取消考试资格,小问题视情况酌情扣分。					扣分不超过 25 分		
25	加工时间	90 min 后尚未开始加工则终止考试;150 min 后每超过 1 min 扣 1 分,180 min 时停止考试。							

记录员		监考人		检验员		考评人